집 

는 이야기

수열

마쓰시타 아키라 지음 | **박상미** 감역 | **황명희** 옮김

BM (주)도서출판 **성안당**

먼저 이 책을 구입해 주셔서 진심으로 감사하다는 말씀을 드립니다. 사실 독자분들 중에는 제 직업이 배우라는 걸 알고 이상하게 생각하는 분들도 계실 거라 생각합니다. 정말 솔직하게 말씀드리면 저도 평소 알고 지내던 편집자님께 이 책에 대한 제안을 받고 나서, 속으로 '이 사람 설마 진심은 아니겠지'하고 생각했으니 이상하다는 생각을 하셔도 괜찮습니다.

저는 예전부터 수학을 너무 좋아해서 이과계열을 전공하고 수학 교원자격증도 땄습니다. 그리고 대학 졸업 후에는 오디오나 비디오, 반도체 등을 만드는 회사에 취직하여 TV 개발 분야에서 일하였습니다. 그 이후에 배우로 변신을 했지만 아직도 IT계열에서 배우라는 직업과 병행하고 있으니 저에게 수학은 늘 친근한 존재입니다.

수학을 연구하는 사람은 아니지만 그래도 수학을 좋아하는 사람으로서 다른 분들이 수학의 재미를 느낄 수 있도록 제가 도와드릴 수 있다면 감사하는 마음으로 수학 이야기를 전해드리려 합니다.

수학을 좋아하는 분들은 물론 수학을 잘하고 싶은데 잘 못한다거나, 흥미와 관계없이 수학공부를 해보고 싶다는 분, 퀴즈 프로그램을 보다가 수학에 흥미를 느끼신 분들 모두에게 도움이 되었으면 합니다.

이 책의 주제인 '수열'은 고등학교 2학년 수준의 수학책에서 볼 수 있는 내용입니다. 2021년 일본에서는 '수학B', 한국에서는 '수학 I' 이라는 과목에 포함되어 있지만(무한 급수에 대한 내용은 고3 '미적분'에서 배웁니다.) 제가 공부

하던 시절에는 '기초해석'이라는 과목 중 한 부분이었습니다.

'수열 너는 누구냐'하며 존재 자체를 묻는 분도 계실 거고 Σ를 본 적은 있지만 그게 전부인 분도 계실 테죠. 그리고 그중에는 Σ를 본 다음부터 수학을 포기하신 분도 계실 겁니다.

이런 분들도 수열의 개념을 잡아가실 수 있도록 우리 주변에서 볼 수 있는 수열이나 생활 속에서 도움이 되는 수열을 가지고 쉽게 이야기해보려 합니다. 그리고 다른 사람들과 대화 소재로 활용할 수 있는 수열 이야기도 소개하였습니다.

마지막까지 편하게 읽어주세요.

2021년 3월

마쓰시타 아키라

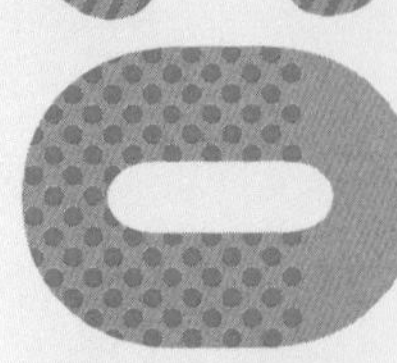

차례

수열 잡 못들 정도로 재미있는 이야기

제0장 수열은 무엇일까?

제1장 수열의 구조

제2장

여러 가지 수열

제3장

기적의 수열

제 4장

쓸 만한 수열

제 0 장

수열은 무엇일까?

01 숫자를 나열하면 다 수열일까?

수학 교과서에는 일반적으로 수열의 정의를 '차례로 나열된 수의 열이다'라는 내용으로 적혀 있는데, 이는 돼지고기를 '돼지고기는 돼지의 고기이다'라고 설명한 것과 같은 뉘앙스이다.

게다가 실제 수업에서는 용어 설명도 하는 둥 마는 둥 하고 바로 등차수열(28쪽)의 설명으로 넘어간다. 그리고 새로운 공식이나 Σ(시그마)와 같은 기호가 등장하면서 점점 힘들어지기 시작하고 결국 수학까지 포기하는 사람이 많다.

사실 수열이 무엇이냐고 물으면, '읽고 쓰는 거요'라는 식으로 설명하는 사람이 많을 것이다. 뭐 굳이 다르게 설명한다면, '수를 차례대로 나열한' 정도라고 할 수 있겠다. 하지만 수열은 그만큼 흔하고 일상생활에서 많이 사용하고 있다.

예를 들어, 숫자를 막 외운 아이가 돌멩이를 셀 때,

'하나, 둘, 셋, 넷, …'이라고 차례대로 숫자를 읽어나간다면, 이미 이것은 훌륭한 수열이다. 좀 더 자세히 말하면, 초항1, 공차1인 등차수열이다.

또 12월 마지막 날 신년 맞이 카운트다운을 할 때,

'10！ 9！ 8！ 7！…' 와 같이 카운트를 10부터 시작하면 그것은 초항10, 공차−1인 등차수열이다. 0으로 새해가 되면 카운트다운이 종료되므로 마지막 항이 0이다.

명품 가게에서 비싸 보이는 가방 가격표를 보고, '일, 십, 백, 천, 만, 십만, … 허걱!' 하고 놀라는 모습도 초항1, 공비10인 등비수열을 열거하고 있는 것이다.

예를 들어 빙고 대회에서 이미 나온 숫자 목록 중

' 25, 13, 8, 17, 1, …' 라는 숫자는 다른 예시와 다르게 정해진 규칙은 없지만 이미 나온 숫자대로 나열되어 있으므로 수열이라고 할 수 있다.

어쨌든 숫자들이 당장은 아니더라도 어떤 공통된 의미를 가지고 차례대로 나열되어 있으면 수열이라 할 수 있다.

하나, 둘, 셋, …
이것도 훌륭한 수열이다.
일, 십, 백, 천, 만, 십만, …
초항 1, 공비 10의 등비수열
₩5,000,000
숫자가 어떤 공통적인 의미를 가지고 있고 순서대로 나열되어 있으면 수열이라고 할 수 있습니다.

02 수와 수열의 차이점은 뭘까?

이번에는 수열을 '수'와 '수열'이 어떤 차이를 가지고 있는지 살펴 보도록 하겠다. 그리고 수와 수열의 의미가 좀 더 깊이 와닿을 수 있도록 '사람'과 '사람이 서 있는 대기줄'에 비유해 보자.

어느 상점가에 줄이 늘어서 있는 소문난 라면 가게가 있다고 하자. 그 상점가를 오가는 것은 그냥 '사람'이지만, 라면집 대기줄에 줄지어 있는 것은 '대기줄에 서 있는 사람'이다. 다르게 말하면 원래는 남들과 같은 그냥 '사람'이 줄 맨 끝에 서는 순간 '대기줄에 서 있는 사람'이 된다.

'사람'과 '대기줄에 서 있는 사람' 의 차이점은 두 가지이다.

첫 번째는 라면집에 도착한 '차례대로 줄 서 있기'이다. 그냥 모여 있는 것만으로는 줄이 아니다. 수열도 수를 순서대로 나열한 것이기 때문에 똑같다.

두 번째는, '라면집에서 식사를 한다'라는 '공통의 목적이 있다'는 것이다. 보통 아무 목적 없이 줄을 서는 일은 없다. 마찬가지로 수열도 어떤 목적을 가진 '집합'을 이루고 있다. 수는 의지를 가지지 않기 때문에 '목적'을 '의미'나 '성질'로 표현하는 것이 적절할 수도 있다. 즉 수열을 활용하려면 '순서'와 '조건'이 필요하다.

예를 들어 기상관측 데이터를 관측할 때, 애써 매달 맑은 날의 수를 기록했는데 그 순서를 무시하고 랜덤으로 기록을 나열해 버리면, 아무 쓸모없는 데이터가 된다. 또, 매달 순서대로 나열되어 있더라도 6월까지는 맑은 날의 수를 기록했던 수열이 7월부터 갑자기 사과 수확량으로 기준이 바뀐다면 마찬가지로 별 의미없는 수가 되어 버린다.

즉 수열은 단순히 수를 나열한 것이지만 어떤 의미를 가지고 있어야 활용 가능하고 그 조건이 2가지는 필요하다고 할 수 있다.

행인 = '순서'도 '공통의 의미'도 없다

애써 관측했는데…

	1月	2月	3月	…
☀	10	12	15	…
☁	15	13	13	…
☂	6	3	3	…
	⋮	⋮	⋮	…

				…
☀	6	10	14	…
☁	10	15	10	…
☂	14	6	7	…
	↑ 6월	↑ 1월	↑ 8월	…

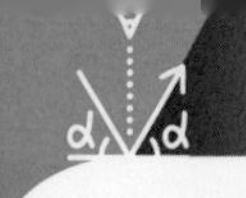

03 수열은 어디에 도움이 될까?

수열은 왜 필요한 걸까?

수열은 **미분, 적분, 확률, 통계학**과 같은 분야의 기초가 될 뿐만 아니라, 물리학이나 경제학과 같이 다양한 분야에서 반드시 필요한 수학적 '도구'이다. 때문에 어떤 사상을 설명하거나 증명하는 수식에 많이 등장하는데, 이때 많이 사용하는 기호가 **수열의 총계를 나타내는 Σ(시그마)**이다(자세한 것은 20쪽 참조). 그리고 함수 $y = f(x)$, 적분기호인 ∫(인테그랄)도 있다.

100만 원 적립 시 10년 후의 저축액은?

수열이 실생활에 활용되는 간단한 예시로 적립 저축액이나 대출 상환액 등을 계산하는 문제가 있다. 자세한 내용은 110쪽에서 설명하겠지만, 수열이 왜 편리한지 간략하게 알아보려고 한다.

예를 들어 100만 원을 정기예금으로 적립한다고 하자. 원금에만 이자가 붙는 '단리'로 연 이율 0.2%를 적용한다면 10년 후의 저축액이 얼마가 될까?

※여기서는 굳이 세금에 대해 고려하지 않기로 한다.

원금을 a, 연 이율을 r, n년 후 금액을 b로 하면 (금액의 단위는 만 원), 1년 경과 시 금액은

'원금 + 최근 1년 사이에 늘어난 이자'이므로,

$a + ar = a(1 + r)$로 나타낼 수 있다.

2년경과 시 금액은, '1년경과 시 금액+최근 1년 사이에 늘어난 이자'이므로 $a(1 + r) + ar = a(1 + 2r)$.

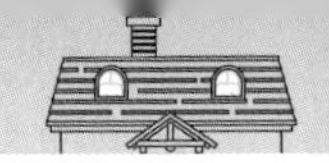

또한 일상생활에서도 수열로 생각하면 좋은 점이 많다.

나열되어 있는 수나 물건에서 규칙을 찾아내면 몇 번이고 반복하여 같은 계산을 할 필요가 없고, 복잡한 문제도 쉽게 풀 수 있으니 매우 편리하다.

문제 해결을 위해서 궁리를 하거나 규칙성을 찾아내는 데 수열은 크게 도움이 된다. 또, 수열을 이용하여 사고하면 수학적 감각을 키울 수 있다. 참으로 매력적이지 않은가?

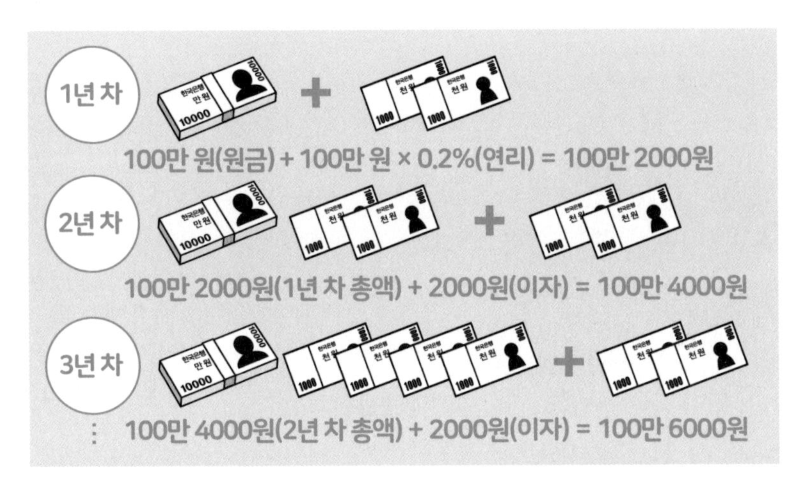

3년 경과 시 금액은 $a(1+2r)+ar=a(1+3r)$ 로 생각하면,

n년 후 금액은 $b=a(1+nr)$로 나타낼 수 있다.

a에 100, n에 10, r에 0.002(0.2%)를 대입하면, 10년 후 저축액은

$100(1+10\times0.002)=102$만 원이 된다.

2만 원이 늘어난다!

칼럼 ❶ COLUMN

역사에 이름을 새긴 위대한 수학자들

이 책에 등장하는 수열과 관련된 수학자들을 연표로 살펴보자.

	수학자	세계의 주요한 사건
기원전	**피타고라스** *Pythagoras* BC 572년경~BC 492년경 그리스의 수학자이자 철학자로 피타고라스의 정리, 피타고라스의 음계 등을 정립하였다.	유다 왕국 멸망 BC 586년경(고대 이스라엘) 공자 탄생 BC 550년경(중국) 페르시아 전쟁 BC 500년경(그리스와 페르시아 주변)
	유클리드(유클레이데스) *Euclid* BC 300년경 그리스의 수학자이며'기하학원론'을 집필하였다.	마우리아조가 성립 BC 317년경(인도) 공화정 로마가 이탈리아를 통일 BC 270년 경(유럽)
	아르키메데스 *Archimedes* BC 287년경~BC 212년경 그리스의 수학자로 아르키메데스의 원리, 지렛대의 원리, 소진법, 원주율의 근사값 등을 정리하였다.	진나라가 중국 통일 BC 221년경(중국)
12세기~20세기	**레오나르도 피보나치** *Leonardo Fibonacci* 1170년경~1250년경 ※피보나치는 애칭이며 피사의 레오나르도 (Leonardo da Pisa)라고도 불린다. 이탈리아의 수학자이며 산반서를 집필하였고 피보나치 수열을 정립하였다.	미나모토 요리토모가 가마쿠라 막부를 성립 1192년 (일본) 칭기즈 칸이 몽골제국을 성립 1206년(몽골)
	고트프리트 빌헬름 라이프니츠 *Gottfried Wilhelm Leibniz* 1646년~1716년 독일의 수학자이자 과학자, 철학자, 정치가, 외교관으로 미분적분 기호 및 이진법을 고안하였다.	제1차 영란전쟁이 일어나다 1652년 (유럽) 명예혁명이 일어나다 1688년 (영국)
	스리니바사 라마누잔 *Srinivasa Ramanujan* 1887년~1920년 인도의 수학자로 란다우-라마누잔의 상수, 모의 세타 함수 등을 정립하였다.	프랑스와 톈진 조약이 체결되다 1885년 (중국) 퀴리 부부가 라듐 발견 1898년 (프랑스) 라이트 형제가 첫 비행 성공 1903년 (미국)
	로저 펜로즈 *Roger Penrose* 1931년~ 영국의 수리물리학자이며 수학자, 과학철학자이다. 펜로즈의 계단, 펜로즈 삼각형, 펜로즈 타일 등을 정립하였다.	제2차 세계대전 발발 1939년 제2차 세계대전 종전 1945년 소비에트 연방이 붕괴 1991년 (구소련)

제 1 장

수열의 구조

04 자세히 보아야 알 수 있다
수열의 규칙성이 그렇다

먼저 수열과 친해지기 위해, 아래 문제를 생각해보자. 그리고 다음 □에 무엇이 들어갈지 생각해보도록 하자.

① 1, 4, 7, □, 13, 16, 19, …

② 5, 50, 500, □, 50000, 500000, …

③ S, M, T, W, T, □, S

①의 숫자를 보면 1부터 시작해서 3씩 늘어나는 것을 알 수 있다. 따라서 □에는 10이 들어간다.

그리고 ②는 5부터 시작하여 자릿수가 하나씩 늘어나기 때문에 □에는 5000이 들어가는 것을 알 수 있다.

③은 무엇일까? ①, ②와의 다른 점은 알파벳이라는 점, 그리고 ①, ②가 무한대로 이어지는 반면 ③은 7번째 문자가 S로 열이 끝난다는 점이다.

자세히 살펴보면, Sunday, Monday, Tuesday, …와 같이 '요일의 머리글자'를 따서 적었다는 사실을 알 수 있다. 일요일이 시작이므로, □는 금요일 = Friday의 머리글자 'F'가 들어간다.

대부분 사람들은 이런 네모칸 채우기 문제를 풀 때 무의식적으로 '어떤 규칙성이 있을까'를 생각하기 마련이다. 구체적으로는 '어떤 성질의 수나 문자가 무엇으로 시작하여 어떤 순서로 나열되고, 어디까지 연결되어 있을까'를 생각한다. 그리고 그 규칙성을 깨닫는 순간, 속이 뻥! 뚫리는 사이다를 맛볼 수 있을 것이다.

수열이 가지고 있는 규칙성은 수열의 본질 그 자체이다. 규칙성만 알면 □를 채우는 것은 물론 무한대의 수열이 어떻게 될지 추측할 수도 있고, 합계를 효율적으로 구할 수도 있다.

학교에서 배우는 수열 문제는 모두 규칙성이 주어져 있고, 공식에 끼워 맞추

거나 식을 변형하여 계산 능력을 시험하는 문제가 많다. 때문에 싫증을 느끼는 사람도 있을 것이다. 하지만 원래 수열의 재미는 '규칙성을 알아보는 것'이다.

규칙성을 정하면 문제를 만들 수도 있다. '어떤 성질의 수나 문자가 무엇으로 시작하여 어떻게 나열되어 있는지'를 정하면 된다. 규칙성을 복잡하게 만들수록 더욱 더 어려워진다. 문제를 만들어 보면 이해력이 한층 더 깊어질 수 있으니 꼭 시도해 보자.

문제를 만들어보자!

① 수열의 규칙성을 정한다

- 2배가 되는 정수
- 1부터 시작한다
- 작은 수부터 순서대로 나열한다
- 무한대로 이어진다

② 수열을 쓴다

1, 2, 4, 8, 16, 32, 64, 128, ⋯

2배 2배 2배 2배 ⋯

③ 채울 '빈칸'을 정한다

1, 2, 4, 8, □, 32, 64, 128, ⋯ ← 문제 완성!

★ 규칙성을 복잡하게 만들면, 난이도가 UP!

규칙성을 다음과 같이 변경한다

- 증가하는 수가 1부터 시작하여 2배로 커지는 정수
- 3부터 시작한다

3, 4, 6, 10, 18, 34, 66, ⋯

+ 1 + 2 + 4 + 8 + 16 + 32

3, 4, □, 10, 18, □, 66, ⋯
이처럼 빈칸 수를 늘리는 것도 좋겠죠!

05 외워두면 편한
수열 용어의 세계

수식이나 증명에 대해 설명할 때는 전문용어를 사용하는 편이 좋다. 그리고 용어는 뒤에서 다시 나오니 먼저 알아 두면 편하다.

우선 '정수'이다. 1이나 2나 0이나 어쨌든 −100과 같이 소수점 이하가 없는 숫자이다. 양의 정수는 1 이상의 정수, 음의 정수는 −1 이하의 정수이다. 0은 양도 음도 아니다.

고등학교 교재에서 '자연수'는 1 이상의 정수, 즉 양의 정수와 같다고 쓰여져 있다. 그러나 원래 수학에서는 분야에 따라 0을 포함할지에 대한 해석이 분분하다. 자연수는 영어로 'natural number'라고 하는데 현물을 세기나 순서를 매기기 위한 수라는 의미를 담고 있다. 거기에 0을 포함시킬 수 있을지는 명확하게 설명하기가 어렵다.

'0'에 대해 이야기를 하려면 깊이 파고들어야 한다. 하지만 깊이 파고들면 너무 어렵기도 하고 또 이 책은 수열에 대한 책이니 1 이상의 정수만을 대상으로 하겠다.

아래에 적힌 내용은 수열 관련 기본적인 용어이다.

- 수열 속의 수 → '항'
- 수열 항의 개수 → '항수'
- 수열 속에서 n번째 항 → '제 n 항'
- 수열 첫 번째 항 → '초항'
- 수열 마지막 항 → '말항'

예를 들어 1, 3, 5, 7, 9라는 수열이 있는 경우, 항수는 5, 초항은 1, 말항은 9이다. 제 2항은? 이라고 묻는다면, 두 번째 항이므로 '3'이 정답이다.

수열 안에서도 특징이 있는 것은, 다음과 같은 명칭을 붙여 구별하고 있다.

- 등차수열 → 이웃하는 항의 차가 항상 같은 수열
- 등비수열 → 이웃하는 항의 비가 항상 같은 수열
- 계차수열 → 이웃하는 항의 차를 새로운 수열로 생각한 것
- 군수열 → 수열을 군(그룹)으로 나누어 생각한 것

각각 해당되는 페이지에서도 언급하고 있으니 읽어보기 바란다.

수열의 구성

1,	3,	5,	7,	9	
초항	제2항	제3항	제4항	제5항	이 수열의 항수는 5

다양한 수열

등차수열

1, 3, 5, 7, 9, 11, ⋯

+2 +2 +2 +2 +2 ⋯

등비수열

1, 2, 4, 8, 16, 32, ⋯

×2 ×2 ×2 ×2 ×2 ⋯

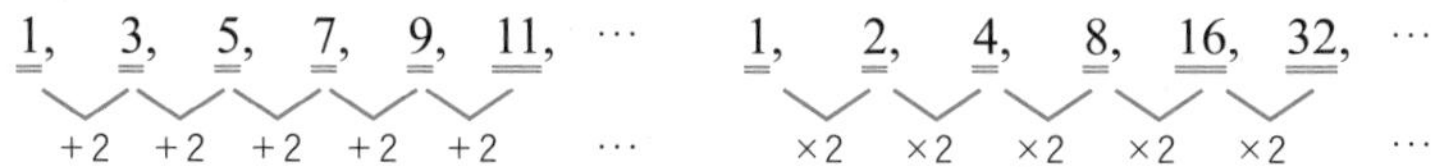

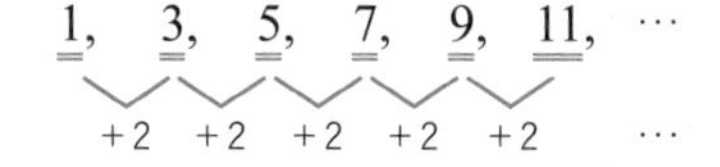

계차수열

2, 3, 5, 8, 12, 17, ⋯

차 → 1, 2, 3, 4, 5, ⋯ 등차수열로 되어 있다

+1 +1 +1 +1 ⋯

군수열 1, | 2, 3, 4, | 5, 6, 7, 8, 9, | 10, 11, ⋯

유한수열 1, 3, 5, 7, **9** 말항이 있다

무한수열 1, 3, 5, 7, 9, 11, 13, 15, ⋯ 무한대로 이어진다

06 편리한 수열 기호의 세계

이번 페이지에서는 수열의 새로운 기호를 소개하겠다.

그중 뭐라 해도 수열의 상징적인 존재라고 할 수 있는 것은 'Σ(시그마)'이다. 적분의 '$\int$(인테그랄)'에 비견되는 임팩트는 없지만 수식을 사용하는 학문에서 당연히 등장하는 매우 편리한 기호이다.

우선은 Σ를 살펴보도록 하자.

Σ는 그리스 문자의 대문자로 제 18자에 해당하며 영어로는 'S'로 총계를 뜻하는 'Summation'의 머리글자에서 유래했다. 스위스의 유명한 수학자 오일러의 저서에 사용된 것이 최초라고 알려져 있다.

아래와 같은 수열의 합을 생각해 보자.

$$a_1 + a_2 + \cdots + a_n$$

k번째 항을 a_k, 수열을 묶어서 간단하게 $\{a_k\}$로 나타내면, k에 1부터 n까지 순서에 대입한 총계가

$\displaystyle\sum_{k=1}^{n} a_k$ 라는 식으로 나타난다.

위나 아래에도 수식이 나타나는 것이 Σ의 특징이다. 위가 n이고 아래가 $k=1$인 경우, 'k에 1부터 n까지 순서대로 대입한다'라는 의미이다. k를 '첨자'라고 하고, 수열을 구성하는 수의 순서를 나타내는 기호가 된다. 영어로는 '인덱스'인데, 이것이 기억하기 쉬운 사람도 있을 것이다. 이러한 기법을 '첨자표기법'이라고 부르며 프로그래밍 분야에서도 많이 이용되고 있다.

이 시점에서 a, k, n 이렇게 세 개의 알파벳이 나온다. 각각 역할이 다르고 좀 헷갈리기 쉽다. 나도 $k=n$처럼 변수에 변수를 대입한다는 개념이 익숙해질 때까지 시간이 걸렸던 기억이 난다.

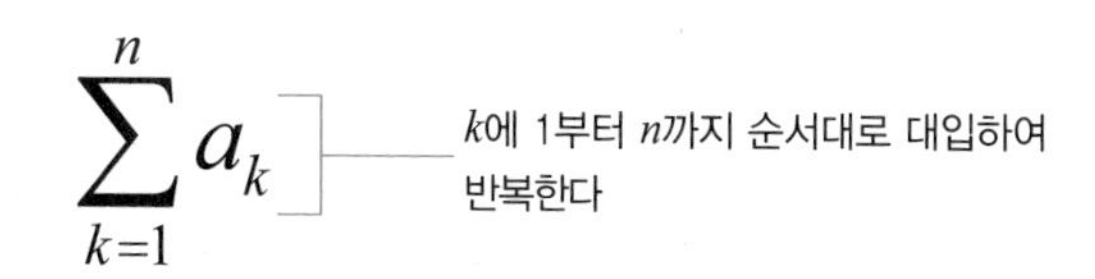

$$a_1 + a_2 + a_3 + \cdots + a_n$$

같은 의미

$$\sum_{k=1}^{n} a_k$$

시그마 기호 쓰는 순서

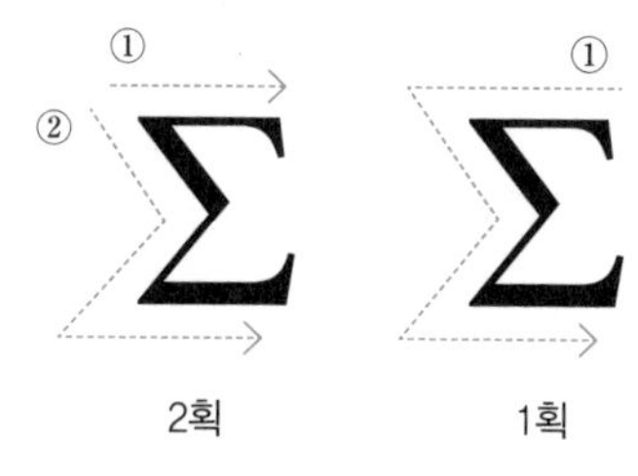

시그마 기호 쓰는 방법

‘삐침’ 있음

‘삐침’ 없음

그런데 만약 Σ를 사용할 수 없다면 어떻게 될까.

어떤 수식을 이용해 수열의 합을 알아내고 싶으면 매번 $(a_1 + a_2 + \cdots + a_n)$과 같이 3개 이상의 항으로 연결한 수식을 써야만 할 뿐더러 알아보기도 어렵다. 이런 수식을 Σ를 사용하면 좀 더 간단하게 쓸 수 있는 것이다.

또한 'Σ는 합계'라는 인식이 있어서 수치의 산출 방법을 설명할 때 편리하게 쓰일 수 있다. 예를 들어 각 반의 시험 점수를 이전 시험에 비해 어느 정도 변화했는지 비교해 보기로 하자. 그러면 우선 각 반마다 인원이 다를 수 있기 때문에 평균점수를 내야 한다. 그 산출 방법을 '우선 이전 시험 점수의 반 평균점수를 구하고, 그 다음 이번 시험 점수의 반 평균점수를 구하여, 그 차를 구하는 방식'으로 전달해도 좋지만,

$$\{\Sigma(\text{이번의 점수}) \div (\text{이번의 인원수})\} - \{\Sigma(\text{이전의 점수}) \div (\text{이전의 인원수})\}$$

와 같은 수식이 더 깔끔하면서도 쉽게 느껴진다. Σ는 왠지 어렵게 느껴지지만 알고 보면 상당히 편리하고 간단하다.

참고로 더한 합계를 'Σ'로 나타내듯 '곱한 합계'를 나타내는 기호도 있다. '총곱' 혹은 '총승'이라 하며 'Π'로 쓰고, '파이'라고 읽는 기호이다.

파이는 원래 원주율이 유명하다. 원주율은 소문자인 'π', 총곱은 대문자인 'Π'로 구별하고 있다. 원주율 π는 그리스어로 「周(주)」를 나타내는 말의 머리글자인데, 총곱의 Π는 그리스어로 「곱」을 나타내는 말의 머리글자에서 유래하고 있다.

또한 'Σ'는 대문자이고, 소문자로는 'σ'라고 쓴다. 특히 통계학에서 표준편차(데이터의 불균형을 나타내는 지표)를 나타내는 기호로 유명하다. 통계학에서는 'Σ'나 'σ'도 자주 사용하는데, 읽는 방법은 같은 '시그마'라도 '합계'와 '표준편차'로 의미가 다르기 때문에 주의해야 한다.

잠.깐.쉬.어.가.기

수열 이해도 퀴즈

1장부터 갑자기 다양한 용어와 기호, 그리고 알파벳이 등장해서 좀 힘들었죠? 여기서 잠깐 쉬면서 퀴즈를 풀고 간단하게 복습을 해 봅시다!

1. 수열의 '마지막 항'을 뭐라고 할까요?

① 초항 ② 말항 ③ 종항

2. 이웃하는 항의 '차(차이)'가 항상 같은 수열을 뭐라고 할까요?

① 등비수열 ② 등차수열 ③ 계차수열

3. 1, | 2, 3, | 4, 5, 6, | 7, ⋯ 이처럼 그룹으로 나누어 생각하는 수열은 무엇일까요?

① 군수열 ② 조수열 ③ 연수열

4. 다음 중, 항의 수가 정해져 있는 수열은 어느 것일까요?

① 유한수열 ② 무한수열

5. 'Σ' 기호는 무엇을 뜻할까요?

① 대수 ② 수열의 총곱(총승) ③ 수열의 합

6. 아래의 수식이 의미하는 문장을 숫자나 기호, 알파벳을 사용해서 완성해 보세요.

$\sum_{k=1}^{n} a_k$는, 수열{□}의 제□항에서 제□항까지의 합이다.

정답 : 1. ② 2. ② 3. ① 4. ① 5. ③ 6. (왼쪽부터)a_k, 1, n

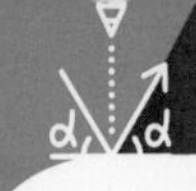

07 핵심은 규칙성
수열을 수식으로 표시해보자

2, 4, 6, 8, 10, …이라는 수열이 있다고 하자. 이 수열의 100번째 수를 알고 싶을 때, 실제로 2씩 더하는 계산을 100번 반복하기는 힘들다. 그래서 이 수열의 규칙성에 주목하여 다음과 같이 생각해 보았다.

첫 번째는 2이고, 두 번째는 4이고, 세 번째는 6이라고 적혀 있다.
그러므로 이 수열은 2에서 늘어난 횟수만큼 곱한 것이다.
즉, 이 수열의 100번째는 200이 된다.

이런 방식이라면 계산 한 번으로도 답을 구할 수 있고, 1000번째든 10000번째든 그대로 응용하면 된다. 이 설명을 말이 아닌 수식으로 나타내 보자.

일반항

'수열의 n번째 항을 n을 사용한 수식으로 나타낸 것'을 일반항이라고 한다.

예를 들어 짝수가 나열된 수열

2, 4, 6, 8, 10, …

의 일반항은,

$a_n = 2n(n \geq 1)$

n은 1 이상의 자연수임을 나타내기 위해 이와 같이 부등식을 사용하는 경우가 많다.

으로 나타낸다.

$n = 100$을 대입하면,

$2 \times 100 = 200$

이 된다.

마찬가지로 $n = 1000$일 때는 2000, $n = 10000$일 때는 20000이다.

수열의 규칙성을 찾아 일반항 수식으로 나타내면 수열의 성질을 정확하게 표현할 수 있다.

일반항을 알면, n항목의 수를 바로 알 수 있다!

$a_n=2n(n\geq1)$의 경우

$n=100 \Rightarrow a_{100} = 2\times100 = 200$

$n=1000 \Rightarrow a_{1000} = 2\times1000 = 2000$

$n=10000 \Rightarrow a_{10000} = 2\times10000 = 20000$

점화식

일반항은 n이 정해지면 답이 나오는 관계성을 나타내는 수식인데, 수열을 보고 바로 관계성을 유추하기 어려운 경우도 많다.

그래서 수열에서는 이웃하는 항끼리의 관계성을 통해 일반항으로 나타내기도 한다. 그리고 이웃하는 항끼리의 관계를 나타내는 식을 **점화식**이라고 한다.

a_n과 a_{n+1}, 경우에 따라서는 a_{n+2}나 a_{n+3} 등과의 관계성을 수식으로 나타낸다.

예를 들어,

$a_{n+1} = a_n + 1$

의 식은 '$n+1$번째 수'는 'n번째 수'에 1을 더한 것이라는 의미이므로 $a_1 = 1$이라는 조건하에서 점화식을 적용하면

$a_2 = a_1 + 1 = 1 + 1 = 2$

$a_3 = a_2 + 1 = 2 + 1 = 3$

$a_4 = a_3 + 1 = 3 + 1 = 4$

와 같은 방법으로 수열의 각 항을 계산할 수 있다.

또, 짝수의 수열은 $a_n=2n$, $a_n=4n$와 같이 계수(2나 4)가 짝수인 것 말고도 '이웃하는 항끼리의 차가 2', '이웃한 항끼리의 차가 4'와 같이 생각할 수 있다. 여기서는 '이웃하는 항끼리의 차를 2' 로 생각해 보자.

우선 점화식은,

$$a_{n+1} = a_n+2$$

으로 나타낼 수 있다. 이 점화식에 일반항 a_n을 대입해 보자.

$n=1$ 일때 $\quad a_1=2$

$n=2$ 일때 $\quad a_2=a_1+2$ ←2가 1개

$n=3$ 일때 $\quad a_3=a_2+2=a_1+2+2$ ←2가 2개

$n=4$ 일때 $\quad a_4=a_3+2=a_1+2+2+2$ ←2가 3개

⋮

$n=k$ 일때 $\quad a_k=a_1+2+2+\cdots+2$ ←2가 $(k-1)$개

$\quad =a_1+2(k-1)$

2는 대입하는 수보다 1개가 적은 것을 알 수 있다!

에서, a_n은 a_1에 2를 $(n-1)$번 더한 수가 된다는 것을 알 수 있으므로

$$a_n=a_1+2(n-1)$$
$$=2+2(n-1)=2n$$

따라서

$$a_n=2n(n \geq 1)$$

이렇게 일반항을 구할 수 있다.

예시에서는 '순서를 2배'로 하는 편이 간단하지만 바로 일반항을 추측할 수 없는 경우에는 위와 같은 방법으로 구하거나 방정식을 사용하면 된다. 물론 소수를 나열한 수열과 같이 일반항의 형태로 나타낼 수 없는 수열도 많다.

등차수열과 점화식의 관계

이웃하는 항끼리의 관계를 나타내는 식

$a_{n+1}=a_n+2$

※변형하면

$a_{n+1}-a_n=2$

이웃하는 항의 차가 2(일정) 이므로, $\{a_n\}$은 등차수열이다.

☆점화식으로 일반항을 구한다

$a_1=2$

$a_2=a_1+2=4$

$a_3=a_2+2=(a_1+2)+2=6$

↑ a_1에 2를 2번 더하다

$a_4=a_3+2=(a_2+2)+2$

$=(a_1+2)+2+2=8$

↑ a_1에 2를 3번 더하다

$a_n=a_{n-1}+2=a_1+2\times(n-1)$

$=2+2n-2$ ↑ a_n은 a_1에 2를 $(n-1)$번 더한 것

$=2n$

고등학교에서 배우는 수열은 점화식과 관련된 내용이 대부분입니다. 점화식은 다양한 패턴이 있고 그 형태를 연습할 필요가 있습니다. 때문에 저도 점화식만 따로 책을 사서 공부한 기억이 있습니다.
점화식은 도형이나 확률과도 궁합이 잘 맞아서 다른 분야와 섞인 문제도 자주 등장합니다. 어떤 문제든 숨겨진 규칙성을 잘 끄집어 낼 수 있는가에 대한 부분이 포인트며 수학적 센스를 기르기에도 적합합니다.

08 이웃하는 항의 차는 항상 같다 [여러 가지 수열 ①] 등차수열

같은 수열이라도 여러 종류로 나눌 수 있다. 그러면 지금부터 어떤 것들이 있는지 알아보자. 16쪽에도 나왔지만, 여기서 다시 빈칸에 들어갈 숫자에 대해 생각해 보자.

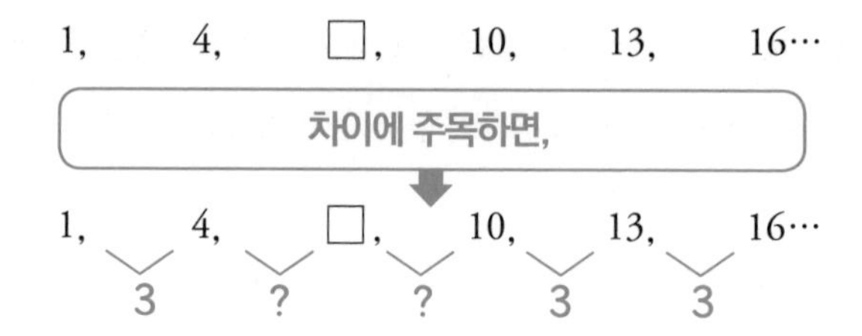

이웃하는 숫자와의 차가 3이라는 규칙이 있는 것 같다. 따라서 □에는 7이 들어간다고 예측할 수 있다.

오른쪽 그림과 같이 가로축을 n, 세로축을 수열의 항 a_n으로 하여 그래프를 그리면 직선 위에 있는 점으로 증가하는 것을 알 수 있다.

이와 같이 이웃하는 숫자의 차가 항상 같은 수열을 등차수열, 이웃하는 숫자의 차를 '공차'라고 한다.

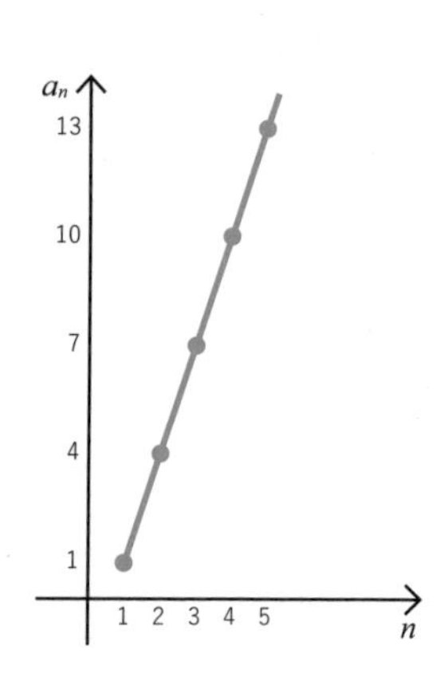

등차수열의 일반항

일반항이란 '어떤 수열의 n번째 항을 수식으로 나타낸 것'이다. 등차수열의 일반항은 공식으로 구할 수 있다.

> 공식: 초항 a, 공차 d인 등차수열의 n번째 항은,
> $a_n = a + (n-1)d$이다

1번째 항 : 초항 = a 로 하면, 이후 d씩 늘어나기 때문에

2번째 항 : $a+d$

3번째 항 : $a+2d$

4번째 항 : $a+3d$

n번째 항 : $a+(n-1)d$ 이 된다.

그렇다면 처음에 예시한 수열 1, 4, 7, 10, 13, 16, …의 일반항을 구해 보자.

초항은 1, 공차는 4 − 1 = 3이므로 등차수열의 공식에 적용하면

$a_n = 1 + 3(n-1) = 3n-2$가 된다.

예를 들어 $n = 5$를 대입하면 $3 \times 5 - 2 = 13$으로 정확하게 맞는다.

일반항을 n에 대한 수식으로 구함으로써 n에 수치를 대입하기만 하면 n번째 항을 바로 구할 수 있다.

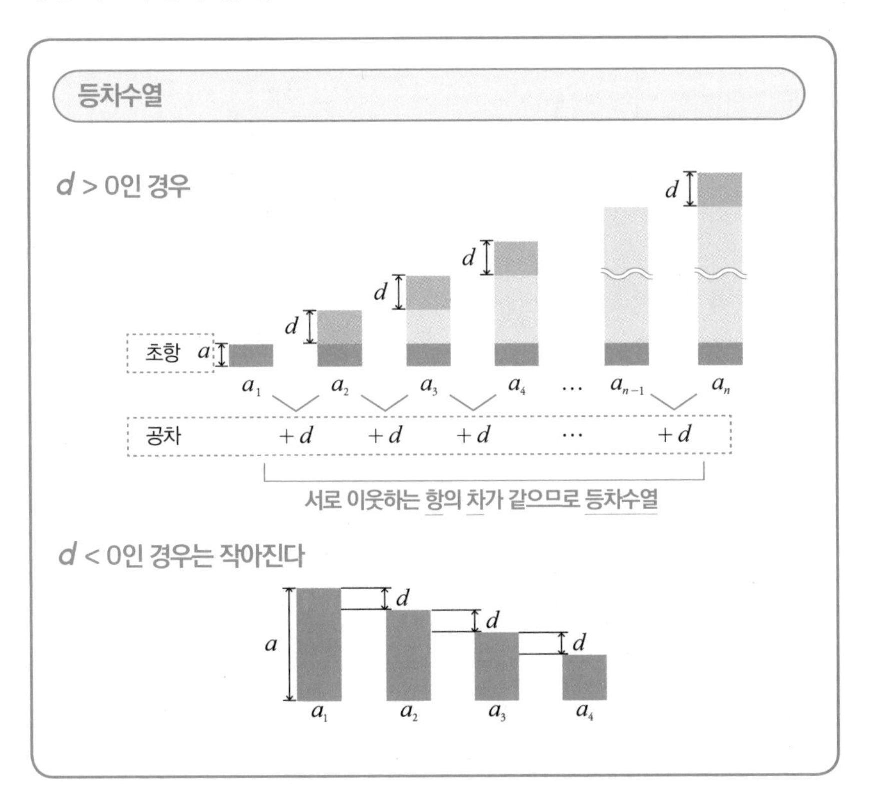

등차수열의 합

사실 공차수열에서 n번째 항까지의 합계도 공식으로 구할 수 있다.

먼저 등차수열의 말항을 l(엘)이라고 하고 초항 a, 공차 d, 항수 n이라고 한다.

그리고 제n항까지의 합을 S_n라고 하면 다음과 같이 나타낼 수 있다. 참고로 S는 영어의 덧셈을 나타내는 sum(썸)의 머리글자이다. Excel 함수에서 사용한 사람이 많을 것이다.

$$S_n = a+(a+d)+(a+2d)+ \cdots +(l-2d)+(l-d)+ l$$

이 항의 순서를 거꾸로 써보자.

$$S_n = l+(l-d)+(l-2d)+ \cdots +(a+2d)+(a+d)+a$$

다음에 2개의 식을 더해보면...

$$\begin{array}{rcccccccccccc}
S_n = & a & + & (a+d) & + & (a+2d) & + \cdots + & (l-2d) & + & (l-d) & + & l \\
+\,S_n = & l & + & (l-d) & + & (l-2d) & + \cdots + & (a+2d) & + & (a+d) & + & a \\
\hline
2S_n = & (a+l) & + & (a+l) & + & (a+l) & + \cdots + & (a+l) & + & (a+l) & + & (a+l)
\end{array}$$

항은 모두 n개

그러므로 $2S_n = (a+l)\times n$으로 나타낼 수 있다.

$$S_n=\frac{n}{2}(a+l)$$

또한 말항을 알기 어렵다면 말항은 $a+(n-1)\times d$로 나타낼 수 있다.

이 수식을 그대로 대입하면 아래와 같다.

$$S_n=\frac{n\{a+a+(n-1)\times d\}}{2}=\frac{n}{2}\{2a+(n-1)d\}$$

여기서 나오는 2개의 공식을 정리하면

① 말항(n번째 항)의 값을 알고 있는 경우, 말항을 l(엘)로 하고, 초항 a, 항수 n의 등차수열의 합

$$S_n = \frac{n}{2}(a+l)$$

② 초항 a, 공차 d, 항수 n의 등차수열의 합

$$S_n = \frac{n}{2}\{2a+(n-1)d\}$$

여기서 28쪽에서 나온 수열 1, 4, 7, 10, 13, 16, …의 합을 구해 보자.

초항부터 제5항까지의 합은 초항이 1, 공차가 3이므로

$$\frac{5 \times \{2 \times 1 + 3(5-1)\}}{2} = 35$$

이 된다. 실제로 1 + 4 + 7 + 10 + 13을 계산해 보면, 35가 되는 것을 알 수 있다.

공식은 2가지가 있지만, 말항을 알고 있는 경우나 바로 알 수 있는 경우는 ①을 사용하는 편이 답을 빨리 구할 수 있어 편리하다.

예제: 다음 수열의 합을 구하시오.

1, 3, 5, 7, 9, 11, 13, 15, 17, 19

상기①의 풀이방법: 초항 1, 항수 10, 말항 19이므로

$$\frac{10}{2}(1+19) = 5 \times 20 = 100$$

상기②의 풀이방법: 초항 1, 항수 10, 공차 2이므로

$$\frac{10}{2}\{2 \times 1 + (10-1) \times 2\} = 5 \times 20 = 100$$

모두 같은 결과가 된다!

09 이웃하는 항의 비는 항상 일정하다
[여러 가지 수열 ②] 등비수열

등비수열이란, 이웃하는 항의 비가 항상 동일한 수열이다. 등차수열에서는 덧셈이었지만 등비수열에서는 곱셈을 사용한다.

이웃하는 항의 비를 '공비'라고 한다.

예를 들어 아래와 같은 등비수열이 있다고 하자.

$$1,\ 2,\ 4,\ 8,\ 16,\ 32,\ \cdots$$

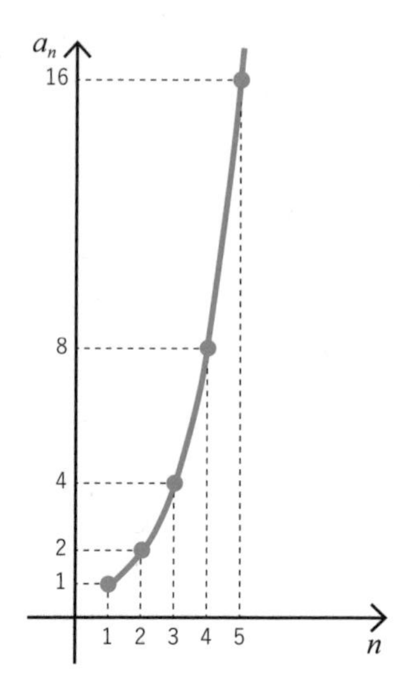

등차수열일 때와 달리 곡선 상 나란히 있다. 곡선의 모양은 공비의 크기에 따라 크게 달라진다.

등비수열의 일반항

등비수열의 일반항도 공식으로 구할 수 있다.

공식: 초항 a, 공비 r인 등비수열의 n번째 항은,

$$a_n = ar^{n-1}$$

$$\{a_n\} : a_1,\ a_2,\ a_3,\ a_4,\ \cdots,\ a_{n-1},\ a_n$$

$\times r$ $\times r$ $\times r$ $\times r$

r이 $(n-1)$개

초항을 a라고 하고 항이 나아갈 때마다 공비 r을 계속 곱한다.

그럼 위에서 예시로 든 수열 1, 2, 4, 8, 16, 32, … 의 일반항을 구해 보자.

초항은 1, 공비는 2이므로,

$a_n = 1 \times 2^{n-1} = 2^{n-1}$

이 된다. 예를 들어, $n = 5$를 대입하면, 2의 4제곱이 되기 때문에, $2 \times 2 \times 2 \times 2 = 16$으로 정확히 맞는다.

등비수열

$r>1$의 경우

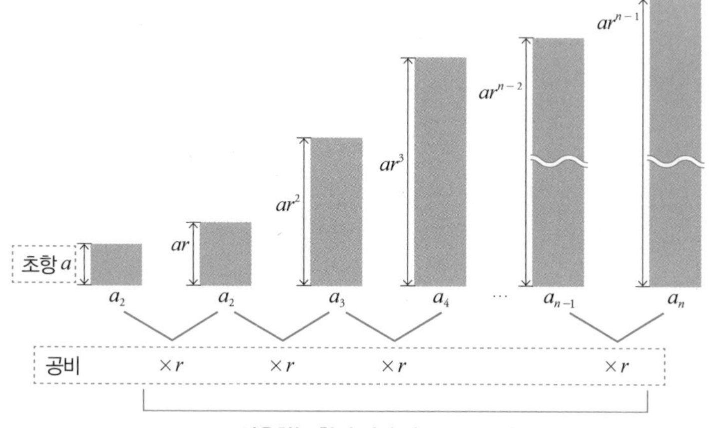

이웃하는 항의 비가 같으므로 등비수열

$r<1$의 경우는 점점 작아진다

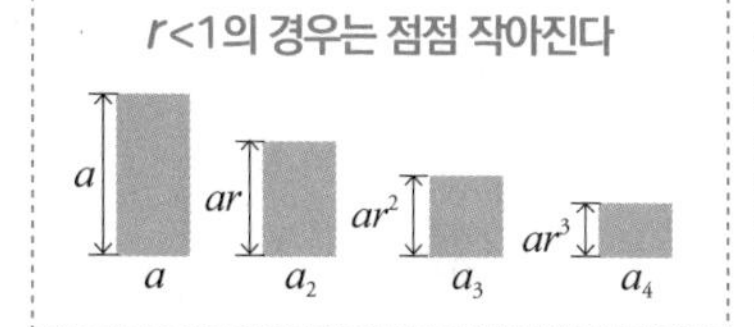

$r=1$의 경우 계속 같다

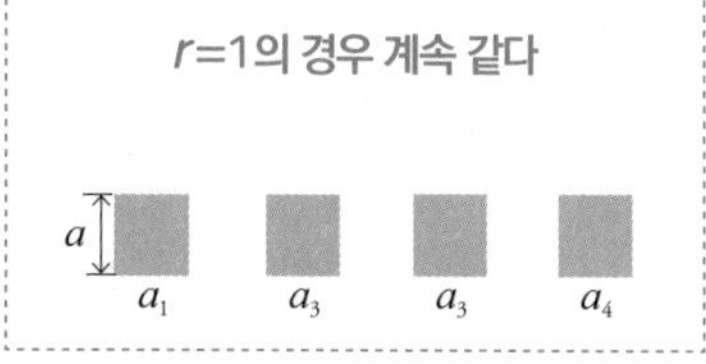

등비수열의 합

등비수열의 n번째 항까지의 합도 공식이 있다.

공비 $r=1$인 경우와 그 이외의 경우로 나누어 아래와 같이 나타낼 수 있다.

$r=1$의 경우는, $S_n=na$

$r\neq1$의 경우는, $S_n=\dfrac{a(1-r^n)}{1-r}=\dfrac{a(r^n-1)}{r-1}$

처음에 예시한 수열의 초항부터 제5항까지의 합은 공비가 2이므로

$$S_5=\frac{1\times(1-2^5)}{1-2}=\frac{1-32}{1-2}=31$$

이고 $1+2+4+8+16=31$이므로 서로 일치한다.

$r\neq1$인 경우의 공식은 쉽게 끌어낼 수 있다. 그림과 같이 S_n에서 S_n에 공비 r을 곱한 것을 빼면

$$(1-r)S_n=a(1-r^n)$$

$r\neq1$이므로 양쪽 변을 $1-r$로 나누면 아래와 같다.

$$S_n=\frac{a(1-r^n)}{1-r}$$

수열의 합을 다루는 문제에서는 이처럼 수열의 합끼리 계산하고 도중의 항을 모아서 서로 지우는 방식으로 간단하게 풀 수도 있다.

등비수열의 합 공식 지도법

초항 a, 항수 n, 공비 r ($r \neq 1$)

$r<1$의 경우

$$S_n = a + ar + ar^2 + ar^3 + \cdots + ar^{n-1} \quad \cdots ①$$

식 전체에 r을 곱한다.

$$rS_n = ar + ar^2 + ar^3 + ar^4 + \cdots + ar^n \quad \cdots ②$$

①에서 ②를 빼면

모두 지운다!

$$\begin{array}{rl} S_n = & a + \cancel{ar} + \cancel{ar^2} + \cancel{ar^3} + \cdots + \cancel{ar^{n-1}} \\ -)\ rS_n = & \quad \cancel{ar} + \cancel{ar^2} + \cancel{ar^3} + \cdots + \cancel{ar^{n-1}} + ar^n \\ \hline (S_n - rS_n) = & a \qquad\qquad\qquad\qquad\qquad\qquad - ar^n \end{array}$$

따라서

$$(1-r)S_n = a(1-r^n)$$

$$S_n = \frac{a(1-r^n)}{1-r}$$

$r>1$의 경우

$$S_n = \frac{a(r^n-1)}{r-1}$$

어떤 공식을 사용해도 결과는 같지만, 공비가 1보다 큰지 작은지를 구분해서 사용하면 계산하기가 쉬워집니다. 1이나 2 등 정수를 대입하여 같은 수가 되는지를 확인해 봅시다.

10 이웃하는 항의 차에 주목! [여러 가지 수열 ③] 계차수열

언뜻 보기에 규칙성이 없을 것 같은 수열에서도 이웃하는 항의 차에서 규칙성이 발견되는 경우가 있다.

예를 들어 다음과 같은 수열을 생각해 보자.

$$2, 3, 5, 8, 12, 17, \cdots$$

얼핏 보면 등차수열도 등비수열도 아니고 규칙성도 없어 보인다.

하지만 여기서 그림과 같이 이웃하는 항의 차를 계산해 보면…

2, 3, 5, 8, 12, 17, …

1, 2, 3, 4, 5, … 등차수열로 구성되어 있다

+1 +1 +1 +1 … 공차가 +1

1, 2, 3, 4, 5, … 로 자연수를 순서대로 나열하게 된다. 즉, 등차수열로 구성되어 있다는 것을 알 수 있다. 이처럼 수열의 서로 이웃하는 항의 차를 수열이라고 생각한 것을 **계차수열**이라고 한다. 계차수열을 사용하면 수열의 규칙성을 찾아낼 수 있다.

그렇다면, 아래와 같은 수열로 생각해 보자.

$$2, 10, 20, 34, 54, 82, \cdots$$

이것도 언뜻 보면 규칙성이 없어 보인다. 이제 계차수열을 사용해 보자.

2, 10, 20, 34, 54, 82, …

8, 10, 14, 20, 28, …

이 계차수열만으로는 규칙성이 아직 보이지 않는다. 하지만 수가 작아지면 왠지 규칙성이 있을 것 같으니 여기서 다시 계차수열을 계산해 보자.

8, 10, 14, 20, 28, …
2, 4, 6, 8, …
+2 +2 +2 …

2의 배수이며 2씩 증가해 가는 등차수열이라는 사실을 알 수 있다!

사실 계차수열이라는 것은 항이 존재하는 한, 몇 단계라도 만들 수 있다. 예시처럼 계차수열이 2단계일 경우, 첫 번째 계차수열을 제1계 계차수열이라고 하고 그 다음의 계차수열을 제2계 계차수열이라고 한다.

제1계 계차수열에서는 규칙성을 찾을 수 없었지만 제2계 계차수열에서는 2의 배수가 줄지어 있는 등차수열이라는 것을 알았기 때문에 규칙성을 찾을 수 있었다.

이처럼 얼핏 보기에 규칙성이 없어 보이는 수열에서도 조금만 찾아보면 규칙성을 찾을 수 있다.

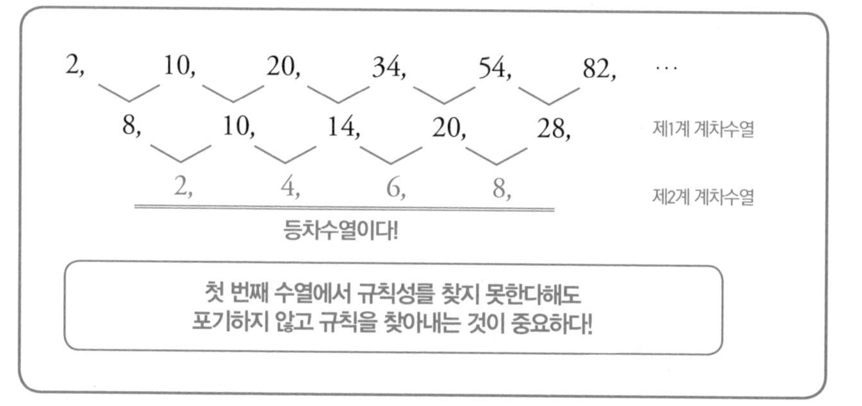

그런데 원래 수열의 일반항은 어떻게 구하면 좋을까?

그림과 같이 원래 수열의 초항에 계차수열의 제$(n-1)$항까지를 모두 더한 것이 원래 수열의 제n항, 즉 일반항이다.

그런데 2개의 수열이 나와서 복잡해졌으니 여기서 정리해 두자.

① 계차수열의 일반항을 구한다

▼

② 계차수열의 제$(n-1)$항까지의 합을 구한다

▼

③ 원래 수열의 일반항을 구한다

그러면 처음에 예시한 수열

2, 3, 5, 8, 12, 17, …의 일반항을 구해보자.

계차수열은 1, 2, 3, 4, 5, …이므로 계차수열의 일반항은 n이다.

(제1항이 1, 제2항이 2, …)

이 계차수열의 제$(n-1)$항까지의 합은 초항 1, 말항 $n-1$, 항수 $n-1$이므로 등차수열의 합의 공식

$$S_n = \frac{n}{2}(a+l)$$

에 대입하면

$$S_n = \frac{n-1}{2}\{1+(n-1)\} = \frac{n(n-1)}{2}$$

따라서 첫 번째 수열의 일반항은 아래와 같다.

$$2 + \frac{n(n-1)}{2} = \frac{n^2}{2} - \frac{n}{2} + 2$$

계차수열

원래 수열의 일반항a_n을 구하는 항법

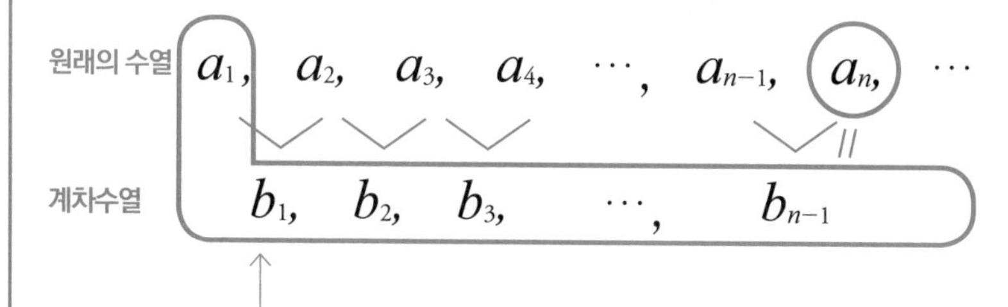

이 부분을 더한 것이 a_n이 되므로,

$$a_n = a_1 + \sum_{k=1}^{n-1} b_k$$

등차수열 $\{b_n\}$의 일반항을 구하고, 위의 식에 대입하면 된다.

계차수열과 군수열은 '수열로 새로운 수열을 만든다'는 것이 포인트입니다.
머리를 굴려서 규칙성이나 관련성을 찾는 일도, 수열의 재미 중 하나이죠.
여러 문제를 풀어보면서 수학적 감각을 키워봅시다.

11 그룹화하고 나면 보이는 [여러 가지 수열 ④] 군수열

다음과 같은 표에 자연수가 나열되어 있다고 가정해보자.

1	2	5	10	17	…
4	3	6	11	18	…
9	8	7	12	…	…
16	15	14	13	…	…
…	…	…	…	…	…

왼쪽 상단에 1이 있고 그것을 둘러싸듯이 2, 3, 4가 이어져 있으며 또 그것을 둘러싸듯이 5, 6, 7로 이어진다. 왠지 규칙성이 있을 것 같지 않은가?

그렇다면 100은 왼쪽에서 몇 번째, 위에서 몇 번째 위치에 있을까?

물론 하나 하나 숫자를 써 가면 언젠가는 100의 위치를 알 수 있겠지만 이 페이지에서는 수열을 사용하여 생각해보자! 그림과 같이 맨 윗줄부터 맨 왼쪽 줄까지 에워싸는 부분을 하나의 그룹으로 생각하기로 한다.

1 | 2, 3, 4 | 5, 6, 7, 8, 9 | 10, 11, 12, 13, 14, 15, 16 | 17, 18, …

이처럼 수열을 그룹으로 나눈 것을 군수열이라고 한다.

첫 번째 수열에서는 100이 100번째에 오는 것밖에 모르지만, 군수열을 사용하면 '100이 몇 번째 군에 들어가는지'도 새롭게 알 수 있고 단서가 늘어난다.

군이라고 하는 '새로운 수열'을 만들어, 수열의 규칙성을 알기 쉽게 함으로써, 답을 쉽게 도출할 수 있다.

한 개의 그룹

1	2	5	10	17	…
4	3	6	11	18	…
9	8	7	12	…	…
16	15	14	13	…	…
…	…	…	…	…	…

여기서 각 군에 포함되는 수의 개수에 주목해보자. 첫 번째 군은 1개, 2번째 군은 3개, 3번째 군은 5개, …로 각 군의 개수는 홀수의 등차수열로 이루어져 있음을 알 수 있다.

또한 n번째 홀수는 $(2n-1)$로 나타낼 수 있으므로 제n군의 개수는 $(2n-1)$ 개가 되고, 제1군에서 제n군까지의 수의 개수의 합계는 1부터 $(2n-1)$까지의 홀수의 합이 된다.

$1+3+5+\cdots+(2n-1)$가 100에 가까워지는 n을 구하면 100이 몇 번째 군에 들어가는지 추측할 수 있다.

1부터 $(2n-1)$까지의 홀수는 초항 1, 말항 $(2n-1)$, 항수 n의 등차수열이므로 그 합계는 아래와 같다.

$$S_n = \frac{n}{2}\{1+(2n-1)\} = \frac{n}{2}\times 2n = n^2$$

n이 10일 때, $n^2=100$이다. 제1군부터 제10군까지의 수의 개수의 합계가 정확히 100이 되므로, 제10군의 마지막에 100이 나타난다는 것을 알 수 있다.

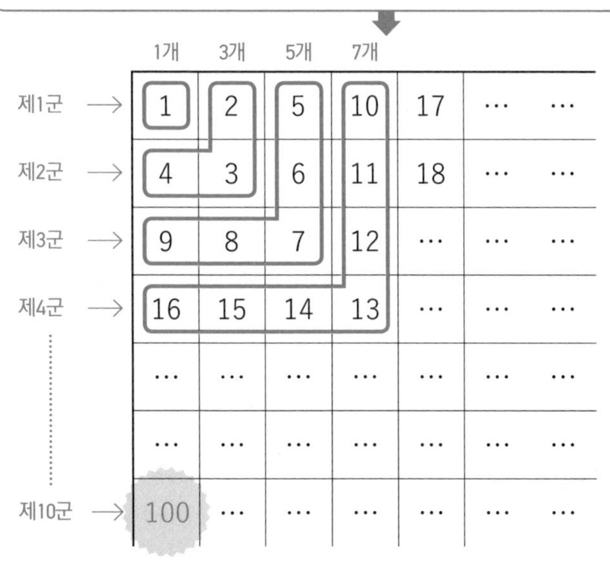

12 쓰는 법을 배우고 Σ를 사용해보자

이제 드디어 강력한 존재인 Σ의 등장이다. 비교적 간단한 수열을 예로 들어 Σ로 계산해 보자!

먼저 Σ기호의 복습이다.

$$\sum_{k=1}^{n} a_k$$

Σ 오른쪽에 있는 것은 반복해서 더해지는 수식이나 계산식이고 Σ의 아래에 있는 것은 변수 k에 대입하는 첫 번째 값, 위에 있는 것이 마지막 값이다.

Σ를 사용하여 수열 a_n의 첫항에서 제n항까지의 합을 나타내면 다음과 같다.

$$\sum_{k=1}^{n} a_k = a_1 + a_2 + a_3 + \cdots + a_n$$

(n은 정해진 상수, k는 1, 2, 3, …, n값을 가지는 변수)

참고로, $a_4 + a_5 + a_6 + a_7 + a_8 = \sum_{k=4}^{8} a_k$와 같이 수열 중간 항의 합을 나타낼 수 있다. 단, $a_4 + a_5 + a_6 + a_{10}$과 같이 중간에 빠진 것은 나타낼 수 없다.

실제로 계산해 보자.

a_k를 자연수로 두고 1부터 5까지를 더하면,

$$\sum_{k=1}^{5} a_k = 1+2+3+4+5=15$$

가 된다.

그럼, $\sum_{k=1}^{5} 2a_k$는 어떻게 될까?

마찬가지로 1부터 5까지 2를 곱한 다음 이를 더한다.

$$\sum_{k=1}^{5} 2a_k = 2\times1 + 2\times2 + 2\times3 + 2\times4 + 2\times5$$

$$= 2 + 4 + 6 + 8 + 10 = 30$$

딱 $\sum_{k=1}^{5} 2a_k$의 2배가 된다. 즉, 두 배씩 곱해서 더하던지 모두 더하고 나서 두배를 곱하던지 같은 값이 된다.

이것을 공식으로 나타내면 아래와 같다.

$$\sum_{k=1}^{n} pa_k = p\sum_{k=1}^{n} a_k$$

그렇다면 $\sum_{k=1}^{5} 4$ 의 계산은 어떻게 될까?

k에 1부터 5까지 대입하고 반복하는 것은 동일하지만, 수식에 k가 포함되어 있지 않다.

즉, k가 바뀌어도 반복해서 더해가는 수는 4 그대로 이므로 단순하게 4를 다섯 번 더하면

$$\sum_{k=1}^{5} 4 = 4 + 4 + 4 + 4 + 4 = 20$$

이 된다.

이것을 공식으로 나타내면 아래와 같다.

$$\sum_{k=1}^{n} c = nc \text{ (C는 상수)}$$

Σ에 관한 공식은 많지만 이 책에서는 비교적 많이 사용하는 공식을 중심으로 소개하였다. 참고로 Σ는 더하기를 반복하는 기호로 기억하면 편하다.

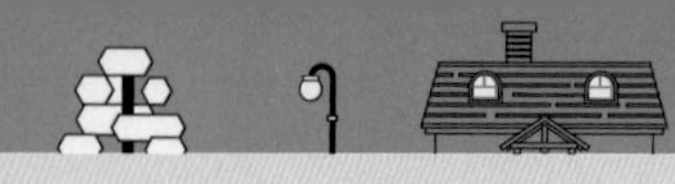

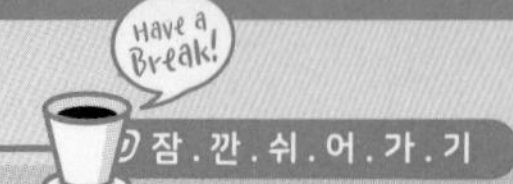

Σ에 수를 대입해 보자!

$$\sum_{k=1}^{5} k$$

$k = 1 \sim 5$ 까지

k=1의 경우	k =	1
k=2의 경우	k =	2
k=3의 경우	k =	3
k=4의 경우	k =	4
k=5의 경우	k =	5

← 모두 더하면 15

$$\sum_{k=1}^{5} k = 15$$

$$\sum_{k=1}^{5} 2k$$

$k = 1 \sim 5$ 까지

k=1의 경우	$2k$ =	2
k=2의 경우	$2k$ =	4
k=3의 경우	$2k$ =	6
k=4의 경우	$2k$ =	8
k=5의 경우	$2k$ =	10

← 모두 더하면 30

$$\sum_{k=1}^{5} 2k = 30$$

↑ $2 \times \sum_{k=1}^{5} k$ 와 같음

$$\sum_{k=1}^{5} 4$$

$k = 1 \sim 5$ 까지

k=1의 경우	4
k=2의 경우	4
k=3의 경우	4
k=4의 경우	4
k=5의 경우	4

← 모두 더하면 20

$$\sum_{k=1}^{5} 4 = 20$$

↑ 5×4와 같음

'Σ는 합계' 라는 의미이므로, 산출방법을
설명할 때 편리하게 사용할 수 있습니다.

예를 들어 어떤 학급의 시험점수에 대해서,
{Σ(이번 점수) − Σ(지난번 점수)} ÷ (인원수)
라는 식을 사용하면
'지난번에 비해 상승(하락)한 점수의 학급 평균'을
구할 수가 있습니다.

합의 기호의 성질 & 자연수 거듭제곱의 합

1

$$\sum_{k=1}^{n}(a_k+b_k)=\sum_{k=1}^{n}a_k+\sum_{k=1}^{n}b_k$$

$$\sum_{k=1}^{n}(a_k-b_k)=\sum_{k=1}^{n}a_k-\sum_{k=1}^{n}b_k$$

'수열 $\{a_k+b_k\}$ ($\{a_k-b_k\}$)에서 초항부터 제n항까지의 합(차)'과 '수열 $\{a_k\}$의 초항부터 제n항까지의 합과 수열 $\{b_k\}$의 초항부터 제n항까지의 합(차)'은 같다.

2

$$\sum_{k=1}^{n}pa_k=p\sum_{k=1}^{n}a_k$$

수열 $\{a_k\}$의 p(k에 관계없는 상수) 배인 초항부터 제n항까지의 합과 수열 $\{a_k\}$의 초항부터 제n항까지의 합의 p배는 같다.

3

$$\sum_{k=1}^{n}k=\frac{1}{2}n(n+1)$$

자연수 1, 2, 3, ⋯, n의 합.

4

$$\sum_{k=1}^{n}k^2=\frac{1}{6}n(n+1)(2n+1)$$

자연수 1, 2, 3, ⋯, n의 2제곱의 합.

5

$$\sum_{k=1}^{n}k^3=\left\{\frac{1}{2}n(n+1)\right\}^2$$

자연수 1, 2, 3, ⋯, n의 3제곱의 합.

6

$$\sum_{k=1}^{n}c=nc \quad (c\text{는 상수})$$

상수 c로 이루어진 수열의 초항부터 제n항까지의 합

13 많은 이들을 수포자의 길로 인도하는 수학적 귀납법이란?

수열에서 점화식 다음으로 등장하는 부분이 '수학적 귀납법'이다.

수학적 귀납법은 자연수 n에 관한 명제가 모든 자연수 n에 대해 성립한다는 것을 증명하는 방법 중 하나이다.

수학에서 '명제'는 반드시 진위가 결정되는 문장을 말한다. 또한 자연수란 1 이상의 정수를 말한다.

수학적인 귀납법은 기본적으로 2단계로 나누어 증명한다.

① $n=1$일 때 (A)가 성립한다

② $n=k$일 때 (A)가 성립한다고 가정하면, $n=k+1$일 때도 (A)가 성립한다

③ ①, ②의 결과로 모든 자연수에서 (A)가 성립한다.

②에서는 $n=k$를 대입한 식을 사용하여 $n=k+1$일 때의 식을 재현하여 증명하는 것이 일반적이다.

예를 들어 $a_1=1$, $a_{n+1}=2a_n+1(n=1, 2, \cdots)$과 같은 점화식으로 생각해 보면 다음과 같다.

$a_1=1$

$a_2=2a_1+1=2\times1+1=3$

$a_3=2a_2+1=2\times3+1=7$

$\vdots$

그렇다는 것은 바로 직전의 계산 결과를 사용하면 모든 자연수에 대한 값을 구할 수 있다는 것이다.

마찬가지로 ①에서 $n=1$의 명제가 맞으면 ②에 의해서 $n=2$도 맞다고 할 수 있고, 또한 $n=2$도 올바르기 때문에 ②에 의해서 $n=3$과, $n=4$도 맞다고 할 수 있기 때문에 '모든 자연수에서 성립한다' 라는 것을 증명할 수 있다.

특히 점화식의 일반항이 성립한다는 것을 증명하는데 효과적인 방법이기 때문에 주로 수열 파트의 마지막에 등장한다.

그런데 왜 '수학적'이라는 수식어가 붙었는지 생각해본 적 없는가? 사실 '귀납법'이라는 방법이 수학과 관련없는 기법이기 때문에 '수학적'이라는 수식어가 붙은 것이다. '귀납법'은 구체적인 예를 통해 결론을 추측하는 논리 기법이다.

유명한 예로,

지금까지 내가 본 까마귀는 모두 까맣다

→ 그러니까 까마귀는 까맣다

라는 것이 있다. 논리적으로 모든 까마귀 중에서 한 마리라도 흰 까마귀가 존재하면 틀린 것이 되지만, 까마귀의 특징을 알기에는 충분하다. 하지만 100% 올바른 결론을 도출하고 싶은 수학에서는 적합하지 않은 생각이다.

'귀납법'의 반대말은 '연역법'이다. 대표적인 연역법은 비즈니스에서도 자주 사용되는 '삼단논법'이다.

예를 들어서

모든 고양이는 동물이다

→ 나는 고양이다

→ 나는 동물이다

전제가 옳으면 결론도 반드시 옳은 것이 연역법인데, 기본적으로 수학에서 이러한 추론법을 사용하는 경우가 많다.

다른 증명 문제와 비교했을 때 한정된 예($n=1$과 $n=k$)에서 결론을 이끌어 내고 있는 점이 '귀납법'과 비슷하기에, '수학적 귀납법'이라고 불리는 것이다.

귀납법과 비슷하다고 말한 데서 알 수 있듯이 수학적 귀납법에서 얻어진 결론은 논리적으로 반드시 옳기 때문에 사실상 연역법의 한 종류이다.

자세히 말하자면 '본래는 수학적이지 않고 귀납법스러운 연역법'이라고 할 수 있겠다. 아니 어쩌면 '귀납적 연역법'이라고 표현하는 쪽이 좋을 수도 있겠다.

수학적 귀납법을 사용해보자

간단한 예제를 살펴 보고 증명을 읽어 봅시다. 전체적인 흐름만 파악해도 좋아요!

[예제]
모든 자연수n에 대해서 $1+2+\cdots+n=\dfrac{n(n+1)}{2}$임을 수학적 귀납법으로 증명하라

명제는 '$1+2+\cdots+n=\dfrac{n(n+1)}{2}$이다' 이다. 이 명제가 모든 자연수 n에서 성립함을 증명한다.

[1] $n=1$일때, 좌변은 1이고, 우변도 $1\times\dfrac{2}{2}=1$ 이므로, 명제는 성립한다.

[2] $n=k$일때, 명제가 성립한다고 가정하면

$$1+2+\cdots+k=\frac{k(k+1)}{2} \quad \cdots ①$$

$n=k+1$일 때 성립함을 보여주기 위하여 명제의 n에 $k+1$을 대입한 식 $1+2+\cdots+k+(k+1)=\dfrac{(k+1)(k+2)}{2}$이 성립한다는 것을 보여주면 되므로

①의 우변 $\dfrac{k(k+1)}{2}$에 $k+1$을 더하면,

$$\frac{k(k+1)}{2}+(k+1)=\frac{k^2}{2}+\frac{k}{2}+k+1=\frac{k^2}{2}+\frac{3k}{2}+1$$

$$=\frac{k^2+3k+2}{2}=\frac{(k+1)(k+2)}{2}$$

따라서, $n=k+1$일 때에도 명제는 성립한다.

[1], [2]를 통해 모든 자연수 n에 대해 명제가 성립한다.

14 대머리의 역설과 수학적 귀납법과 역설

수학적 귀납법이 관련된 유명한 역설 중에 '대머리의 역설'이라는 이론이 있다.

사람의 머리카락 개수를 n이라고 한다.(n은 음이 아닌 정수)

$n=0$일 때, 즉 털이 0가닥인 사람은 대머리다.(①)
$n=k$일 때, 즉 털이 k가닥인 사람이 대머리라고 가정하면,
$n=k+1$일 때, 즉 털이 $k+1$가닥인 사람도 대머리다.(②)

①과 ②에 의하여, 모든 사람은 대머리다.

"머리카락이 k가닥"이라는 말은 슬프지만, 이것은 에우불리데스(Eubulides)라고 하는 고대 그리스의 철학자가 2400년이나 전에 진지하게 생각해낸 역설 중 하나이다.

또한 에우불리데스의 '모래 산의 역설'이라는 이론도 있다. 이는

모래 산의 모래 한 알을 채취해도 모래 산은 여전히 모래 산이다.
그런데 모래를 계속 채취해서 마지막 한 알만 남아도
이를 모래 산이라고 부를 수 있을까?

라는 이론이다.

나도 같은 이론으로 한 가지 생각해 보았다(여러분들도 꼭 생각해 보기 바란다).

체중이 1kg 늘어도 개의치 않는다.(①)
체중이 k kg 늘어도 개의치 않는다고 가정할 때
거기에서 1kg 더 늘어난다고 해도 개의치 않는다. (②)

①과 ②에 의하여 체중이 얼마나 늘어도 개의치 않는다.

그렇다면 이러한 증명이 이상하다는 것을 지적하려면 어떻게 하면 좋을까.

'대머리인지 아닌지, 모래 산인지 아닌지 또 원래 신경 쓰이는 체중의 기준은 사람마다 각각 다르기 때문에 이 증명 자체는 의미가 없다!' 라고 말하는 것이 가장 이해하기 쉬울 것이다.

하지만 논리학은 이런 점을 딱 잘라 어느 시점에서 패러독스(역설)가 발생했는지 그 논리 구조를 밝히거나, 어떤 패턴이 있는지 생각하는 매우 심오한 분야이다. 이 부분은 이미 수열에서 벗어난 이야기이므로 생략하겠지만, 흥미가 있는 분은 따로 알아보기 바란다.

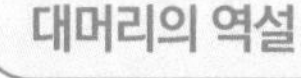

머리카락이 0가닥인 사람은 대머리이다

2

머리카락이 k가닥인 사람이 대머리라고 가정한다

3

머리카락이 k+1가닥인 사람도 대머리이다

4 이걸 반복하면···

모든 사람은 대머리이다

칼럼 ❷ COLUMN

수학사에 큰 영향을 준 피타고라스

피타고라스는 수학의 길고 긴 역사 속에서 가장 유명한 수학자 중 한 명으로 꼽힌다. 그리고 그런 그가 남긴 업적 중 가장 유명한 명제는 누구나 한 번쯤 배워보았을 법한 '피타고라스의 정리'이다. '삼평방정리'라고도 하며 직각삼각형에 대한 정리이다.

피타고라스의 정리

직각삼각형에서 빗변의 길이를 c, 다른 두 변의 길이를 a, b로 했을 경우 $a^2 + b^2 = c^2$이 성립된다.

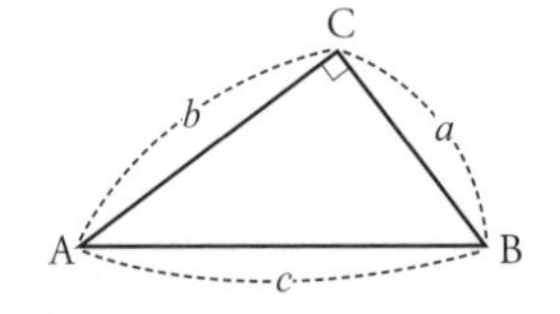

피타고라스는 마루의 체크 무늬 타일을 바라보다가 '피타고라스의 정리'를 발견했다고 한다.

참고로 피타고라스의 정리는 고대 이집트 시대부터 토지 면적을 측량할 때 사용하였고, 이후 '페르마의 마지막 정리'로 발전하게 되었다.

또한 피타고라스는 '도레미파솔라시도' 음계에 수학적 규칙이 있다는 사실도 발견했다(상세한 내용은 64쪽). 그래서 이를 '피타고라스 음계'라고 부른다.

피타고라스는 고대 그리스(BC 572년경~BC 492년경)의 수학자로, '만물의 근원은 수이다'라고 주장하며 종교·학술 단체를 만들었다.

지금까지 이렇게 이야기하고 있지만 사실 피타고라스가 실존했다는 증거는 없다. 다만 피타고라스가 썼다고 하는 문서가 전해내려오고 있을 뿐이다.

피타고라스
Pythagoras
BC 572년경
~BC 492년경

제 2 장

여러 가지 수열

15 영원과 끝의 차이
유한수열과 무한수열

수열은 항의 개수에 따라 '유한수열' 과 '무한수열'로 나뉜다.

예를 들어

$\{a_n\}$: 1, 2, 3, ⋯, 10

이 수열은 1씩 늘어나며, 말항이 10으로 정해져 있다. 항수는 10으로 유한하기 때문에 '유한수열'이다. 말항이나 항수의 최대치(n = 1, 2, ⋯, 100) 등 수열의 끝을 나타내는 조건이 반드시 쓰여져 있다.

그럼 이쪽은 어떨까?

$\{b_n\}$: 1, 2, 3, ⋯

여기는 1씩 늘어나는 것만으로 끝이 없기 때문에 항수는 무한하여 '무한수열'이라고 한다. 스스로 '이런 수열이 있다고 한다'라고 정의했다면 당연히 그 수열이 유한한지 무한한지는 알고 있을 것이다.

그렇다면, 이미 존재하는 수열의 항수(항의 개수)는 무한할까 아니면 유한할까?

예를 들어, '주사위 눈의 수열'은 1, 2, 3, 4, 5, 6으로 항수가 정해져 있으므로 유한수열이다. 일상생활에 관한 수열은 대상이 구체적이기 때문에 유한수열인 경우가 대부분이다.

반면 2, 4, 6, 8, 10, ⋯으로 영원히 늘어나는 '2의 배수의 수열'과 같이 수학에서 다루는 추상적인 수열은 무한수열인 경우가 많다. n이 무한대∞에 근접하면 항이 어떤 값에 근접할지, 혹은 무한대로 커지거나 작아지는지에 대해 생각할 수 있다.

'2의 배수($2n$)', '1씩 증가해 가는 자연수 n'이 무한수열이라는 것은 직감적으로도 알 수 있지만, 예를 들어 '소수의 수열'과 같은 경우는 무한수열인지 유한수열인지 제대로 증명해 둘 필요가 있다.

유한수열과 무한수열

유한수열

주사위의 눈

1, 2, 3, 4, 5, 6

동전의 종류

1, 5, 10, 50, 100, 500

24의 약수

1, 2, 3, 4, 6, 8, 12, 24

TV 방송의 채널 번호

1, 3, 4, 6, 8, 10, 12

달력

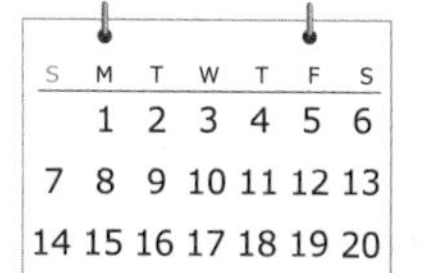

S	M	T	W	T	F	S
	1	2	3	4	5	6
7	8	9	10	11	12	13
14	15	16	17	18	19	20
21	22	23	24	25	26	27
28	29	30	31			

무한수열

자연수

1, 2, 3, 4, 5, 6, ⋯

2의 배수

2, 4, 6, 8, 10, 12, ⋯

소수

2, 3, 5, 7, 11, 13, 17, ⋯

원주율

3.141592653589793 ⋯

네이피어수e

2.718281828459045 ⋯

▼

7,1,8,2,8,1,8,2,8,⋯

$\sqrt{2}$

1.4142135623730 ⋯

소수점 이하 각 자릿수를 수열로 본다면, 무한수열이라 할 수 있다(원주율, $\sqrt{2}$도 마찬가지).

'무한'은 거대한 '유한'과 비교할 수 없으며, 끝까지 셀 수 없는 것이 '무한'의 개념입니다.

16 2000년이 넘도록 연구 중인 소수 수열에 대해 알아보자

소수란 '1보다 크고 1과 자기 자신으로만 나눠지는 수'를 의미한다.

예를 들어 3은 1과 3으로 밖에 나눠지지 않는다. 2로 나눠도 1이 남는다. 따라서 소수이다. 하지만 4는 1과 4뿐만 아니라 2로도 나누어지므로 소수가 아니다.

또한 소수가 아닌 자연수를 합성수라고 한다. 합성수는 모두 소수의 곱셈으로 나타낼 수 있다. 예를 들어, 2 이외의 짝수는 모두 1과 자기자신이 아닌 2(소수)를 포함한 소수의 곱셈으로 나타낼 수 있는 합성수이다.

소수를 작은 것부터 늘어놓으면 2, 3, 5, 7, 11, 13, 17, …이고 언뜻 보면 무한대로 커져갈 것 같지만, 어쩌면 '최대의 소수'가 존재할지도 모른다. '최대 소수'가 존재하면 소수 수열은 유한수열이 된다.

그러나 BC 3세기에 고대 그리스의 수학자 유클리드는 '기하학원론'에서 '소수는 무한히 존재한다'라고 하였다. 또한 이 사실은 다음과 같이 증명하고 있다.

서로 다른 소수 $q_1, q_2, q_3, \cdots, q_n$을 사용하여 다음과 같은 N을 만들 수 있다.

$$N=q_1 \times q_2 \times q_3 \times \cdots \times q_n+1$$

N은 소수 $q_1, q_2, q_3, \cdots, q_n$ 중 어느 것으로도 나누어지지 않는다. 왜냐하면 1이 반드시 남기 때문이다.

따라서 N은 $q_1, q_2, q_3, \cdots, q_n$과 다른 소수이거나 또는 $q_1, q_2, q_3, \cdots, q_n$과 다른 소수로 나누어야 한다. 때문에 $q_1, q_2, q_3, \cdots, q_n$ 이외에 새로운 소수 q_{n+1}이 있음을 알 수 있다.

이를 계속 반복하면 새로운 소수 $q_{n+2}, q_{n+3}, q_{n+4}, \cdots$가 끝없이 발견되므로 소수는 무한하다고 말할 수 있다.

예) $N = 2 \times 3 + 1 = 7$(4번째 소수)

$N = 2 \times 3 \times 5 + 1 = 31$(11번째 소수)

$N = 2 \times 3 \times 5 \times 7 + 1 = 211$(47번째 소수)

$N = 2 \times 3 \times 5 \times 7 \times 11 + 1 = 2311$(344번째 소수)

'소수가 무수히 존재한다'는 말은 이후 여러 수학자가 각기 다른 방법으로 증명하고 있다. 소수는 알기 쉬운 것부터 용어를 이해하는 것도 벅찰 만큼 난해한 소수까지 다양하게 존재한다.

참고로 2019년 8월 기준으로 알려진 최대 소수는 약 2,486만 자리로 까마득한 수이다.

가령 1초에 3자리수의 숫자를 읽어도 1분(60초)에 180자리, 1시간(60분)에 10,800자리, 하루(24시간)에 259,200자리이므로 알려진 최대 소수를 읽는 데만 대략 95일(약 3개월) 정도 소요된다.

유클리드(*Euclid*)

고대 그리스의 수학자. 도형과 공간의 성질을 연구하는 '기하학'의 아버지라고도 한다. 유클레이데스, 에우클레이데스로도 표기된다. 전 13권으로 이루어진 '기하학원론'(또는 유클리드 '원론')을 편찬하였다. 이 책은 전 세계에서 2000년이 넘는 시간 동안 사랑받고 있으며 성경에 버금가는 책이라 전해지고 있다.

17 무한대에 다가가는
소수의 극한이란 무엇인가

설산에서 조난당해 생사의 갈림길에서 방황하는 상태를 '극한의 상태'라고 하는데, 수열에도 '극한'이 있다.

예를 들어 초항이 1이고 공비가 $\frac{1}{2}$, 즉 점점 절반이 되어가는 등비수열을 생각해보자.

$n=1$일 때는 1이고, $n=2$일 때는 $\frac{1}{2}$, $n=3$일 때는 $\frac{1}{2}\times\frac{1}{2}=\frac{1}{4}$이다.

이 수열은, $\frac{1}{2^{n-1}}$이 된다.

그럼, n이 무한대로 커져갈 때, 이 수열은 어떻게 될까?

이를 그래프로 나타내면 다음과 같다.

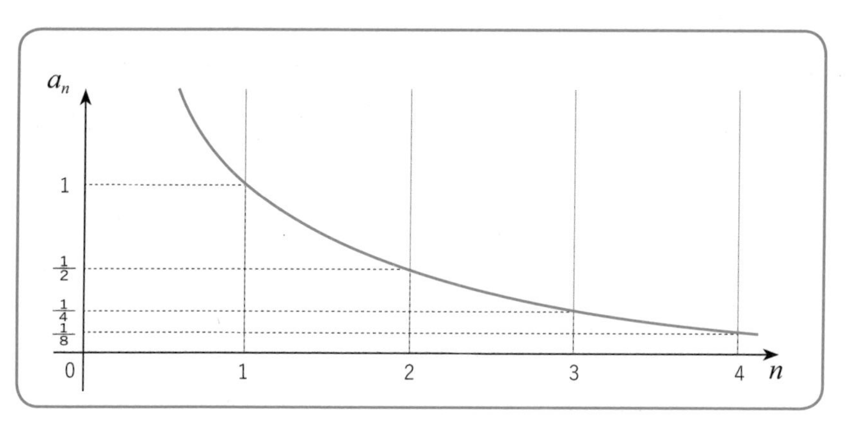

n의 값이 커질수록 0에 가까워진다. 분모가 무한대로 커지기 때문에 수식도 0에 가까워지게 된다.

이처럼 어떤 수열에 대해 n이 한없이 커질 때, 수열이 한없이 가까워지는 일정한 값을 '수열의 극한'이라고 한다. 이 수열의 경우 0에 한없이 가까워지기 때문에 극한은 0이 된다.

그렇다면 초항이 1이고 공비가 2, 즉 점점 배로 늘어가는 등비수열은 어떨까?

n이 무한대로 커지면 수열은 2배씩 증가하며 무한대로 커진다. 이 경우의 극한은 ∞(무한대)로 나타낸다.

각각 수식으로 쓰면 아래와 같다.

① $\lim_{n \to \infty} (\frac{1}{2})^{n-1} = 0$ ② $\lim_{n \to \infty} 2^{n-1} = \infty$

lim(영어: limit) 이라는 것은 극한을 나타내는 기호이다. 아래의 $n \to \infty$부분은 'n이 한없이 커지는 상태'라는 의미이다.

또한 모든 수열에 극한이 있다고는 할 수 없다. 예를 들어, 초항이 1이고 공비가 −2인 등비수열은 1, −2, 4, −8, 16, −32, …로 양수와 음수를 계속 오고 간다.

절대값으로는 무한히 커지지만, 양수와 음수를 오고가는 것은 변하지 않기 때문에 이 경우, 극한은 '존재하지 않는다'라고 한다.

참고로 ①과 같이 어떤 수치에 한없이 가까워지는 경우, '수열은 수렴한다'라고 하고 수렴하지 않는 수열을 '발산한다'라고 한다. 또한, 수렴하지도 않고 발산하지도 않으면서 규칙적으로 계속 오고가는 수열을 '진동한다'라고 한다.

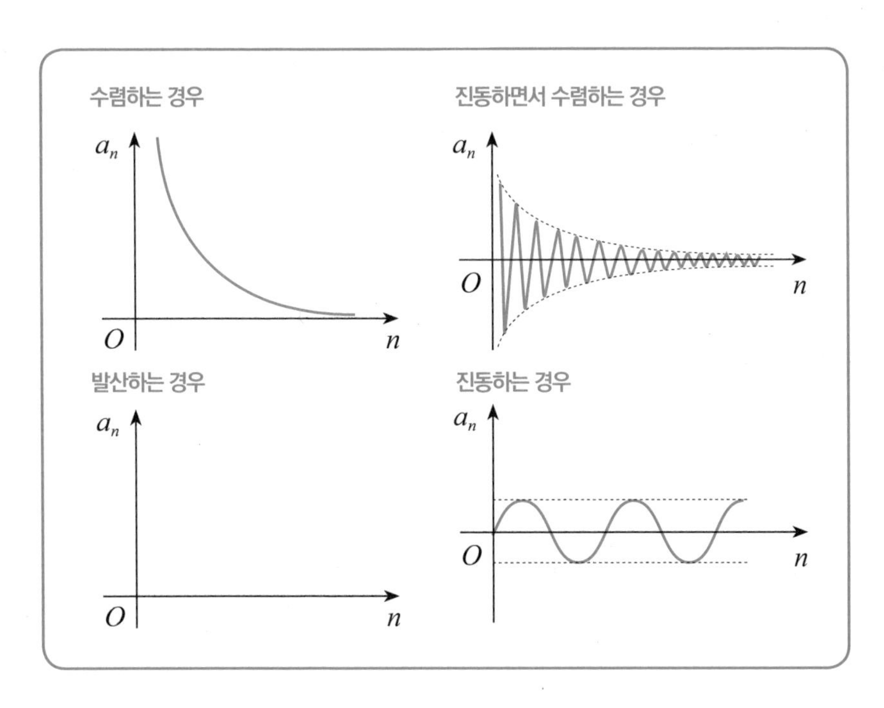

18 수렴과 발산을 포괄하는 무한급수 이야기

'Σ를 사용해 보자'(42쪽)에서 설명한 내용은 처음과 끝이 정해져 있는 유한수열의 합을 구하는 방법이었다. 그렇다면 무한수열의 합은 어떻게 될까?

$S = a_1 + a_2 + a_3 + \cdots$

이처럼 무한히 이어지는 수열의 각 항을 합의 형태로 나타낸 식을 급수 또는 무한급수라고 한다. 그렇다면 이런 경우에 S의 값은 어떻게 될까?

'무한히 더하면 무한대로 커지지 않을까?'라고 생각할 수 있지만 실제는 '어떤 값으로 수렴하는' 경우와 '발산하는' 경우가 있다.

'어떤 값으로 수렴되는' 경우를 다음 예시에서 생각해 보자.

오른쪽 그림과 같은 포물선과 직선으로 둘러싸인 도형의 면적을 구할 때, 포물선과 직선에 내접하는 삼각형을 만들고, 그 근처 포물선에 둘러싸인 도형에 다시 내접하는 삼각형을 만든다. 그리고 이를 반복하면, 삼각형이 가득 채워지는 상태가 된다.

이 도형의 면적을 수식으로 나타내면,

$S = A + B_1 + B_2 + C_1 + C_2 + C_3 + C_4 + \cdots$

와 같이 정확히 급수의 형태인 것을 알 수 있다. 삼각형이 무한대로 늘어나면서 삼격형 면적의 합이 도형의 면적에 점점 가까워지는 것이다.

이 면적을 구하는 방법을 '소진법' 이라고 한다. 그리고, 이 '주어진 도형을 넓이를 구할 수 있는 작은 도형으로 무한히 나눈 후 합쳐 면적을 구하는' 사고가 '적분'으로 연결된다.

일반적으로 급수의 수렴 여부를 확인하기 위해서는 먼저 제n항까지의 합을 구한다(①). 이를 부분합이라고 한다.

다음으로 부분합 S_n에 대하여 n을 무한대로 크게 했을 때의 극한값이 존재한다면 그것이 급수의 합이 된다.(②)

$$S_n = a_1 + a_2 + a_3 + \cdots + a_n \qquad \text{———} \quad ①$$

$$\lim_{n \to \infty} S_n = S \qquad \text{———} \quad ②$$

도형의 면적 외에도 원주율, $\sqrt{2}$ 등의 제곱근, 네이피어의 수와 **무리수(소수부분이 순환하지 않고 무한히 계속되는 수)의 근사값도 급수의 형태로 구할 수 있다.**

항의 수가 늘어나면 늘어날수록 더 정확한 값에 가까워지게 된다. 원주율은 66쪽에서 자세히 설명해 보겠다.

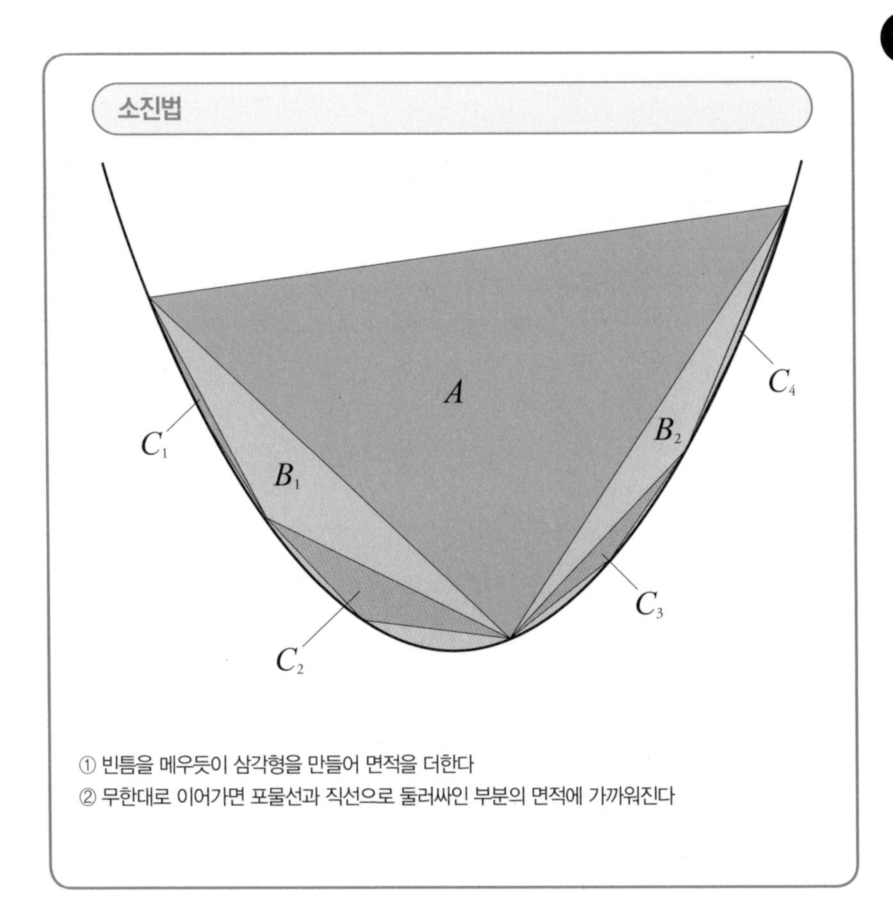

① 빈틈을 메우듯이 삼각형을 만들어 면적을 더한다
② 무한대로 이어가면 포물선과 직선으로 둘러싸인 부분의 면적에 가까워진다

19 불가사의한 무한급수 1 = 0.999999··· 이야기

다음과 같은 식을 본 적이 있지 않은가?

$$1=0.9+0.09+0.009+0.0009+0.00009+\cdots$$

우변은 무한급수의 형태로 초항이 0.9, 공비가 0.1인 등비수열의 합으로 이루어져 있다. 이런 등비수열의 급수를 미적분 급수 / 등비급수라고 한다.

그렇다면 이 식은 정말 옳은 것일까? 항수가 늘어남에 따라 우변은 0.9, 0.99, 0.999, …로 1에 가까워지는데 영원히 1이 되지 않을 것 같다.

무한등비급수는 초항a, 공비 r일때 $-1 \langle r \langle 1$인 경우 $S=\frac{a}{1-r}$ 로 수렴한다는 매우 간단한 공식이 알려져 있다.

(※공비가 1이상, 또은 −1이하인 경우에는 발산하기 때문에 값이 존재하지 않는다.)

실제로 공식에 대입을 해보면

$$S=\frac{0.9}{1-0.1}=\frac{0.9}{0.9}=1$$

1이 된다. 따라서 $1=0.9+0.09+0.009+\cdots$는 수학적으로 완전하게 맞는 식이라고 할 수 있다.

그래도 뭔가 아쉬울 것이다. 그래서 고대 그리스의 제논이라는 철학자가 생각했던 '아킬레우스와 거북'이라는 역설을 소개하고자 한다.

아킬레우스는 그리스 신화에서 등장하는 걸음이 빠른 영웅으로, 먼저 출발하여 앞서 나가고 있는 거북이와 같은 방향으로 가고 있다. 거북이가 처음에 있던 지점을 A라 하면, A 지점에 아킬레우스가 도착할 즈음 거북이는 조금 앞에 있는 B 지점으로 가고 있다. 또 B 지점에 아킬레우스가 도착할 무렵 거북이는 역시 B 지점에서 조금 앞인 C 지점으로 나아가고 있다. 이러한 상황이 반복된다면 아무리 아킬레우스가 빨리 달린다 해도 거북이를 따라잡을 수가 없다.

이유는 아킬레우스가 거북이를 따라잡기 전 타이밍으로 지점을 A 지점, B 지점, C 지점, …과 같이 무한대로 쪼갤 수 있기 때문이다.

처음에 아킬레우스가 거북이를 1초 뒤에 따라잡는 거리에 있었다면 아킬레우스가 A 지점에 도달하는 게 0.9초 뒤, B 지점이 0.09초 뒤, C 지점이 0.009초 뒤… 라는 타이밍으로 무한히 잘게 쪼갤 수 있는 것이다.

그러나 이렇게 잘게 쪼개도 무한등비급수 0.9 + 0.09 + 0.009 + …의 합이 1과 같으므로 아킬레우스는 거북이를 1초 뒤에 따라잡는 셈이다.

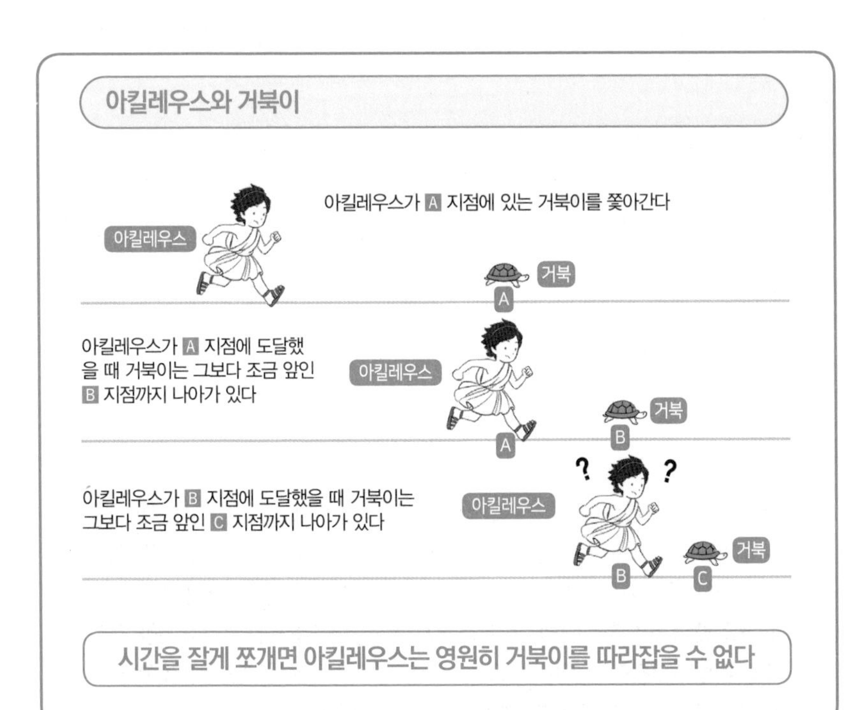

20 고대 피타고라스가 연구한 조화수열과 음계

등차수열의 역수(분모와 분자를 뒤집은 분수) 수열을 조화수열이라고 한다.

예를 들어 1, 3, 5, 7, …처럼 2씩 늘어나는 등차수열이 있을 경우 그 역수의 수열 1, $\frac{1}{3}$, $\frac{1}{5}$, $\frac{1}{7}$, …이 조화수열이다.

여기서 말하는 '조화(harmonic)'는 음악에서 유래되었다. '피타고라스의 정리'로 친숙한 피타고라스(52쪽)는 음악에도 관심이 있었는데 거문고와 같은 현악기에서 괘의 위치를 이동시켜 소리의 변화를 알아보기로 했다.

기둥이 없는 상태에서 울릴 때를 '도'라고 하고, 현의 $\frac{2}{3}$ 위치로 굄목을 이동시켜 울리면 '솔', 현 $\frac{1}{2}$의 위치로 굄목을 이동시켜 울리면 처음의 '도'에서 한 옥타브 높은 '도'가 된다.

현 길이의 역수를 보면, 1, $\frac{3}{2}$, 2로, 공차 $\frac{1}{2}$ 인 등차수열로 이루어져 있다.

이와 같이 피타고라스는 음계도 연구했다고 알려져 있다.

처음 현의 길이부터 $\frac{1}{2}$, $\frac{1}{3}$, $\frac{1}{4}$, … 과 같이 점점 작아지다 보면 울리는 소리의 주파수가 2배, 3배, 4배, … 이렇게 늘어난다. 이것을 배음이라고 해서 동시에 연주하면 조화롭고 기분 좋은 소리로 들린다.

첫 음이 '도'라면 '도', '미', '솔'로 기타에서는 가장 기본이 되는 코드를 구성하는 음을 알 수 있다.

또 '도' 부터 반음씩 올려 갔을 때 그 주파수의 비는 등비수열이 된다. 기타는 손가락으로 현을 눌러 음을 조정하고, 하프는 반음마다 현을 늘어놓을 수 있게 만들어졌다. 앞쪽으로 갈수록 높은 소리가 나도록 배치되어 있기 때문에 그런 독특한 형상을 하고 있다.

현악기로 보는 조화수열

현악기 위에 굄목을 세운 다음 현을 받치고 그 위치에 따라서 소리의 높낮이를 조정합니다. 피타고라스는 이것과 비슷한 것을 만들어 굄목의 위치를 이동시키면서 소리의 변화를 알아보았다고 합니다. BC 400~500년에 생각한 것이라니 굉장하네요!

배음

기음

제2배음

현이 $\frac{1}{2}$의 길이 되는 곳에서 누르면 주파수는 두 배가 된다

제3배음

$\frac{1}{3}$의 길이

제4배음

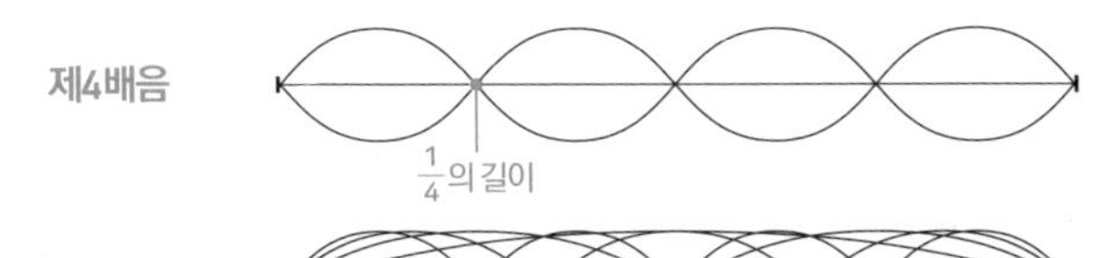

서로 잘 맞아서 겹치면 조화롭고 편안한 소리가 난다

21 근사값을 구할 수 있게 해준
급수와 원주율 이야기

급수란 무한수열의 합으로, 다음과 같이 수열의 항을 무한대로 더해가는 형태로 나타난다(60쪽 참조).

$S = a_1 + a_2 + a_3 + \cdots + a_n + \cdots$

포물선과 같은 곡선으로 둘러싸인 부분의 면적은, '밑변×높이÷2'와 같이 명확한 값을 구할 수 없기 때문에, 그 형태에 가까워지도록 조금씩 도형으로 나누어 무한대로 더하여 구한다. 명확한 값은 구할 수 없지만 한없이 가까운 값에 근접하거나 정리를 증명하는 등 여러 곳에서 큰 역할을 한다.

예를 들자면 원의 면적이나 원주, 구체의 부피를 구하는 데 필요한 원주율이 있다. 원주율이란 지름과 원주의 비를 말하는 것으로, '3', '3.14', 'π'와 같이 간단한 숫자나 기호로 표시되지만 실제로는 3.141592…와 같이 소수 부분이 무한히 이어지는 무한소수이다.

여러 종류의 급수가 정확한 원주율을 구하기 위해 사용되고 있다. 그중에서도 가장 유명한 것이 '**라이프니츠의 급수**'이다. 이는 17세기 수학자 라이프니츠가 발견한 공식으로 *sin*, *cos*와 같은 삼각함수가 다수 나오고(전부 설명하려면 길어지기 때문에 일부 과정은 생략하겠다.) 아래와 같은 관계식을 구할 수 있다.

원주율을 π라고 하면, $1 - \frac{1}{3} + \frac{1}{5} + \frac{1}{7} + \cdots = \frac{\pi}{4}$

양변에 4를 곱하면

$\pi = 4\left(1 - \frac{1}{3} + \frac{1}{5} - \frac{1}{7} + \cdots\right)$

Σ를 사용하여 나타내면, $\pi = 4\sum_{n=0}^{\infty} \frac{(-1)^n}{2n+1}$

수열은 무한대로 이어지기 때문에, Σ의 윗부분이 ∞가 된다. 간략하게 설명하면, '분모가 홀수이고 분자가 1인 분수를, 더하고 빼기를 무한히 반복하는' 방식이다. 이를 무한대로 계산해 보면 원주율 3.141592…에 가까워진다. 시험 삼아 조금 더 계산해 보자.

$n=1$일 때 $\quad 4\times 1=4 \fallingdotseq \pi$

$n=2$일 때 $\quad 4(1-\frac{1}{3})=2.67\cdots \fallingdotseq \pi$

$n=3$ 일 때 $\quad 4(1-\frac{1}{3}+\frac{1}{5})=3.46\cdots \fallingdotseq \pi$

$n=4$일 때 $\quad 4(1-\frac{1}{3}+\frac{1}{5}-\frac{1}{7})=2.89\cdots \fallingdotseq \pi$

$n=5$일 때 $\quad 4(1-\frac{1}{3}+\frac{1}{5}-\frac{1}{7}+\frac{1}{9})=3.33\cdots \fallingdotseq \pi$

$n = 10000$일 때에 $\pi \fallingdotseq 3.141492654\cdots$가 되지만 아직 네 자리까지 밖에 맞지 않는다. 밝혀진 원주율 수치에 도달할 때까지 상당히 힘든 작업인 것이다. 아래의 '라이프니츠 급수의 수렴 속도'로 $n = 100$까지를 보면, 처음에는 오차가 큰 것을 알 수 있다. 수렴해 갈 때까지의 계산이 방대한 양이 되기 때문에 유감스럽게도 이 급수는 그다지 현실적이라고는 할 수 없다.

지금은 엑셀 등을 사용하면 순식간에 계산할 수 있지만, 당시는 보다 적은 계

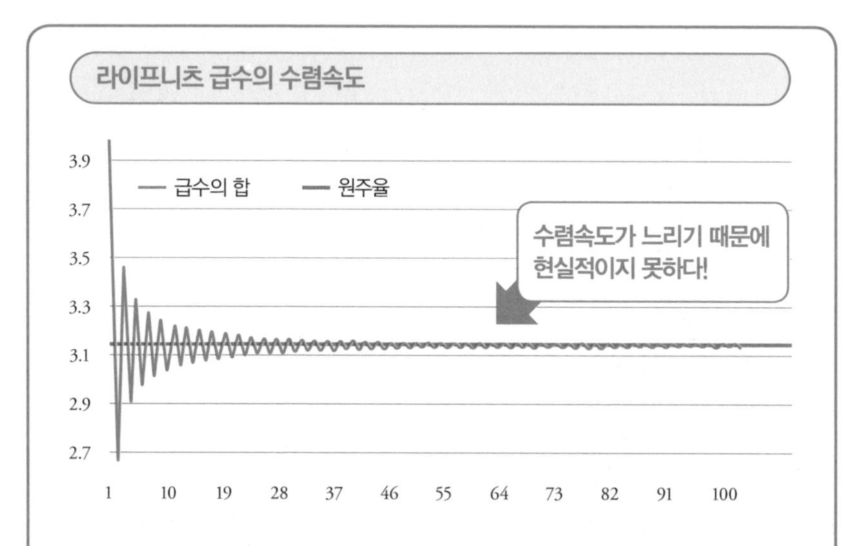

n이 무한히 커지면 급수의 합이 원주율에 수렴하지만, 수렴속도가 빠른 급수일수록 n이 작을 때 원주율에 가까워지고 계산값도 적다. 라이프니츠 급수에서는 $n = 30$이라도 아직 오차가 커서, 다른 급수나 공식을 사용하는 것이 더 효율적이다.

산량으로 구하는 것이 중요했던 것 같다.

원주율은 급수 이외의 다양한 방법으로 연구가 진행되고 있다. 그 최대 업적은 인도의 수학자 스리니바사 라마누잔이 1914년에 발표한 공식이다.

라마누잔의 원주율에 관한 공식

$$\pi = \frac{1}{\frac{2\sqrt{2}}{9801}\sum_{n=0}^{\infty}\frac{(4n)!}{\{(4^n)\cdot(n!)\}^4}\cdot\frac{26390n+1103}{99^{4n}}}$$

이 공식은 어떻게 하면 이런 업적을 내놓을 수 있을 지 상상조차 하기 어려운 것인데 아무튼 이 공식을 사용하면 원주율을 좀 더 빨리 계산할 수 있다.

현재는 좀 더 개량한 것을 사용하여, 수십조 자리까지 계산이 가능하다.

스리니바사 라마누잔(*Srinivasa Ramanujan*)

1887~1920년, 인도 태생의 수학자.
란다우 라마누잔의 정수, 제타 함수를 발견하는 등의 업적을 남겼다. 인도수학학회 저널에 문제와 논문을 발표한 후 케임브리지대학교 수학교수 하디를 찾아가 하디와 함께 분할수 공식, 고차합성수 이론 등 역사적인 논문을 차례로 발표했다.

칼럼 ❸ COLUMN

원을 직사각형으로 만들어보자

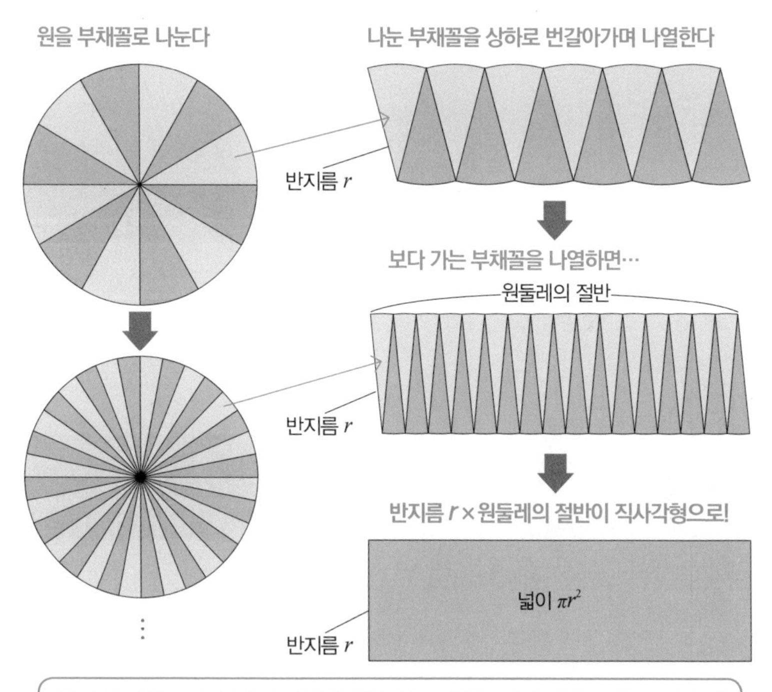

원의 반지름 r과 둘레의 절반을 한 변으로 하는 직사각형 모양을 이룬다

위 그림과 같이 원을 여러 개의 부채꼴로 나누어 번갈아 상하를 반전시킨 것들을 옆으로 나란히 나열하면 평행사변형에 가까운 형태가 된다.

또한 원을 더 작은 부채꼴로 잘라 똑같이 나열하면 평행사변형에 더욱 가까워진다. 이 부채꼴을 무한대로 가늘게 잘라 나열하면 끝없이 직사각형에 가까워진다. 원래 원의 반지름을 r이라고 하면, 원둘레의 절반은 πr이므로 원의 넓이는 $r \times \pi r = \pi r^2$이다.

22 랜덤? 랜덤!
알고 보니 우리를 돕고 있던 난수열

1, 0, 3, 10, 7, 4, 2, 0, 1, 1, …

이것은 무슨 수열일까?

'하나도 모르겠다'고 생각한다면 당신이 맞았다! 이것은 대충 숫자만 나열한 '수열'이다.

그리고 이렇게 숫자를 무작위로 그냥 나열만 하는 수열을 가리켜 '난수열'이라고 한다. 예를 들면 주사위를 던져서 얻을 수 있는 무작위 수의 수열을 말하는 것이다. 참고로 옛날에 행해졌던 복권 추첨의 과녁에서 얻어진 숫자나 빙고 게임, 코인토스가 난수열이다. 이러한 수열이 일상생활에서 필요할지 의문이 들 수도 있겠지만 난수열은 다양한 방면에서 활용되고 있는데 그중 하나가 '데이터 암호화'이다.

'seed'가 되는 데이터에서 생성한 의사난수열이라는 '난수 같은 수열'을 '키(열쇠)'로서 데이터에 곱하여 암호화한다.

암호화한 데이터를 봐도 난수 같은 데이터만 나열되어 있을 뿐 내용은 알 수 없다. 의사난수열을 생성한 'seed'나, 생성된 '키(열쇠)'를 알고 있는 사람만이 데이터를 원래대로 되돌릴 수 있다.

또 하나는 무선 LAN 등 전파 통신의 '스펙트럼 확산'이라는 기술이다.

주사위를 던져 나오는 숫자는 규칙성이 없이 그저 운으로 나오는 무작위의 난수열입니다. 단, TV 드라마나 영화에서 자주 나오는 상황처럼 카지노의 딜러가 의도적으로 주사위의 눈을 조종할 수 있는 상황은 제외합니다.

의사난수열을 사용한 암호화

예를 들어 기밀정보가 포함된 데이터를 그대로 메일에 첨부해서 인터넷으로 보내면 제3자가 도청 해킹할 위험성이 있기 때문에 암호화를 실시한다. 이 페이지에서는 암호 방식 중 가장 단순한 '공통키 암호 방식'을 소개한다.

seed가 되는 데이터로부터 '키스트림'이라는 의사난수열의 데이터를 생성한다. 이것을 송신하는 데이터에 곱하면 암호화되기 때문에 만일 데이터를 빼내더라도 해킹되는 경우는 없다.

수신자는 송신자가 암호화한 것과 같은 '키(열쇠)'를 사용해 데이터를 원래대로 되돌린다(복호).

송신자와 수신자가 공통의 키데이터를 사용하기 때문에, '공통키 암호 방식'이라 하고 실제로는 별도의 열쇠를 사용하는 등 좀 더 복잡한 방법으로 이루어지고 있다.

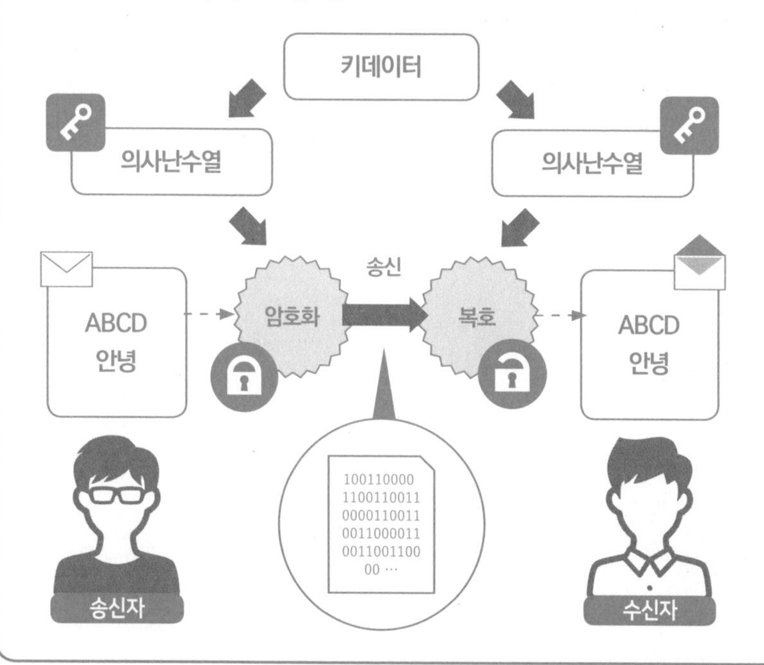

공중에 존재하는 여러 전파 신호 중 통신신호에 가까운 주파수로 노이즈(잡음)이 더해졌을 때 신호가 손상된다.

이를 막기 위해 신호에 의사난수열을 곱하여 주파수의 폭을 넓힘과 동시에 신호크기도 작게 만들어 송신한다.

이 신호에 노이즈(잡음)가 추가되었다고 가정해보자. 수신한 신호에 대해, 송신할 때와 반대로 처리하면, 필요한 신호는 원래대로 돌아가고, 노이즈(잡음)부분은 주파수의 폭이 넓어져 신호의 크기가 작아진다.

이렇게 하면 필요한 부분의 신호에 대한 노이즈(잡음)의 영향을 줄일 수 있다.

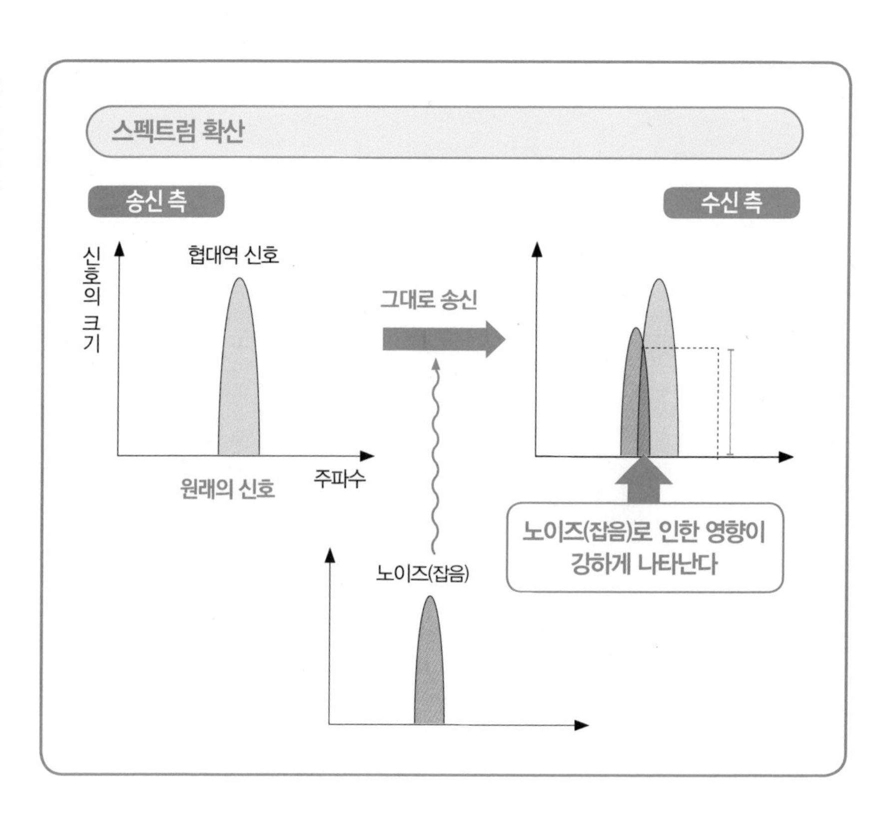

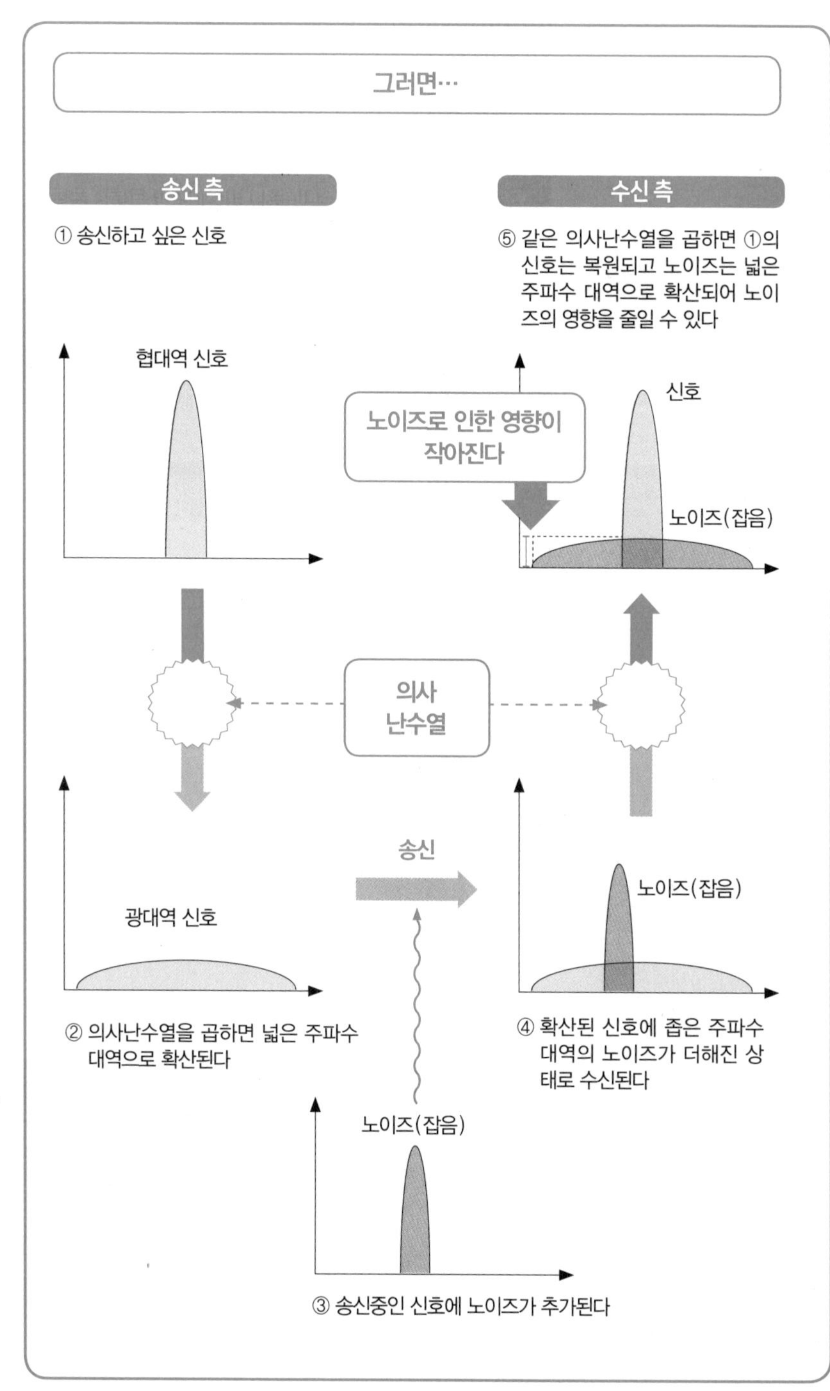
그러면…
송신 측
① 송신하고 싶은 신호
협대역 신호
광대역 신호
② 의사난수열을 곱하면 넓은 주파수 대역으로 확산된다
의사 난수열
송신
노이즈(잡음)
③ 송신중인 신호에 노이즈가 추가된다
수신 측
⑤ 같은 의사난수열을 곱하면 ①의 신호는 복원되고 노이즈는 넓은 주파수 대역으로 확산되어 노이즈의 영향을 줄일 수 있다
노이즈로 인한 영향이 작아진다
신호
노이즈(잡음)
노이즈(잡음)
④ 확산된 신호에 좁은 주파수 대역의 노이즈가 더해진 상태로 수신된다

23 관계를 깔끔하게 정리해주는 페리수열 이야기

페리수열이란 '0 이상 1 이하의 기약분수를 작은 것부터 순서대로 나열하여 구성된 수열'을 말한다. 기약분수란 '더 이상 약분을 할 수 없는 분수', 약분은 분모와 분자를 같은 수로 나누는 것을 말한다. 예를 들어 $\frac{2}{4}$인 분모, 분자를 2로 나누면 $\frac{1}{2}$이고 $\frac{15}{30}$의 분모, 분자를 5로 나누면 $\frac{3}{6}$이 된다. $\frac{15}{30}$를 기약분수로 만들기 위해 분모, 분자를 5로 나누면 $\frac{3}{6}$이 되고, 다시 분모와 분자에 3을 나누면 $\frac{1}{2}$이 된다. $\frac{1}{2}$은 더 이상 분모, 분자를 같은 수(정수)로 나눌 수 없으므로 $\frac{1}{2}$은 기약분수가 된다.

페리수열의 항은 기약분수 분모의 최대값 n의 값에 따라 달라진다. 예를 들어 $n=1$일 때 $\frac{0}{1}$, $\frac{1}{1}$ 2개 뿐이지만, $n=2$가 되면, $\frac{0}{1}$, $\frac{1}{2}$, $\frac{1}{1}$로 3개가 된다. n이 증가할 때마다 항의 수도 늘어난다.

페리수열을 n이 작은 것부터 순서대로 나열하면 75쪽과 같은 수열을 만들 수 있다. 이 그림에서 다음과 같은 특징을 알 수 있다.

① 한 번 등장한 분수는 계속 남는다

② n을 분모로 하는 0 이상 1 이하의 기약분수가 모두 나열된다

③ n이 증가하면 원래있는 분수와 분수 사이에 새로운 분수가 추가 된다(끝에는 추가되지 않는다)

특히 ③에는 다음과 같은 규칙성이 있다

'페리수열에서 이웃하는 항을 $\frac{b}{a}$, $\frac{d}{c}$라 하면 $\frac{b}{a}$와 $\frac{d}{c}$ 사이에 처음으로 추가되는 분수는 $\frac{b+d}{a+c}$이다'

예를 들어 $n=3$인 경우의 요소는 $\{\frac{0}{1}, \frac{1}{3}, \frac{1}{2}, \frac{2}{3}, \frac{1}{1}\}$이다. $\frac{1}{2}$와 $\frac{2}{3}$ 사이에 처음으로 나타나는 분수는 페리수열의 성질에 의하면 $\frac{1+2}{2+3}=\frac{3}{5}$이고, '$\frac{1}{2}$보다 크고 $\frac{2}{3}$보다 작으면서 분모가 4인 기약분수는 존재하지 않는다'는 것도 알 수 있다.

페리수열

$$\frac{0}{1}, \frac{1}{1}$$

$$\frac{0}{1}, \frac{1}{2}, \frac{1}{1}$$

$$\frac{0}{1}, \frac{1}{3}, \frac{1}{2}, \frac{2}{3}, \frac{1}{1}$$

$$\frac{0}{1}, \frac{1}{4}, \frac{1}{3}, \frac{1}{2}, \frac{2}{3}, \frac{3}{4}, \frac{1}{1}$$

$$\frac{0}{1}, \frac{1}{5}, \frac{1}{4}, \frac{1}{3}, \frac{2}{5}, \frac{1}{2}, \frac{3}{5}, \frac{2}{3}, \frac{3}{4}, \frac{4}{5}, \frac{1}{1}$$

$$\vdots$$

위에서부터 순서대로, 분모가 1, 즉 n=1인 기약분수는 $\frac{0}{1}$, $\frac{1}{1}$ 2개뿐이다. 분모가 2와 3에 대해서는 74쪽에서 소개하고 있으므로 참고하고, 분모가 4일 때, 즉

$n=4$인 기약분수는 $\frac{0}{1}, \frac{1}{4}, \frac{1}{3}, \frac{1}{2}, \frac{2}{3}, \frac{3}{4}, \frac{1}{1}$ 7개,

$n=5$인 기약분수는 $\frac{0}{1}, \frac{1}{5}, \frac{1}{4}, \frac{1}{3}, \frac{2}{5}, \frac{1}{2}, \frac{5}{3}, \frac{2}{3}, \frac{3}{4}, \frac{4}{5}, \frac{1}{1}$ 11개가 된다.

페리수열은 19세기 영국의 지질학자
존 페리가 연구한 증명이라고 합니다.
정말 아름답네요!

24 시계 장인도 도입했다는 페리수열의 쓰임새

페리수열을 배우는 사람 중에는 왜 필요한 건지 의문을 가지는 사람도 있을 것이다. 페리수열은 정리를 증명하거나 자연현상을 설명하기 위해 이용하는데, 다소 난이도가 높기 때문에 이번에는 페리수열과 관련이 많은 'Ford Circle'과 'The Stern-Brocot Tree'만 소개한다.

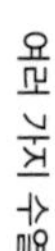

Ford Circle

Ford Circle이란 2개의 큰 원 틈새를 서로 접하는 작은 원들로 그 틈을 점점 좁혀가는 것이다. 이 원의 반지름은 페리수열의 분모를 이용하여 구할 수 있다.

참고로 페리수열의 항의 순서와 그 원의 배열은 일치한다.

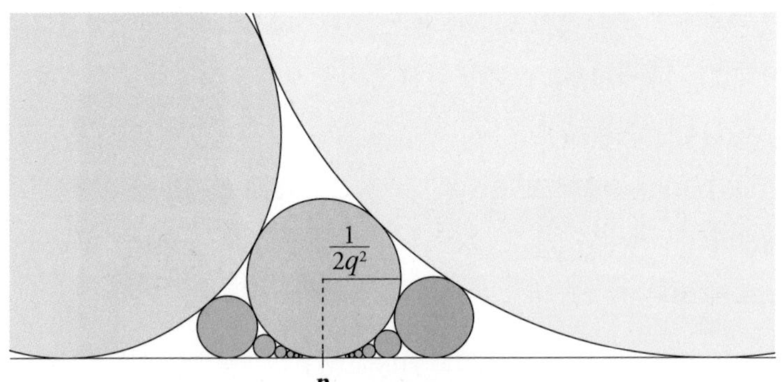

예를 들어 75쪽에 실린 페리수열의 경우, $\frac{p}{q}=\frac{1}{2}$의 원에는 $\frac{1}{3}$과 $\frac{2}{3}$의 원이 접하고 있고, 또 $\frac{1}{3}$과 $\frac{2}{3}$인 원에는 $\frac{1}{4}$과 $\frac{3}{4}$인 원이 접하고 있는 식이다.

The Stern-Brocot Tree

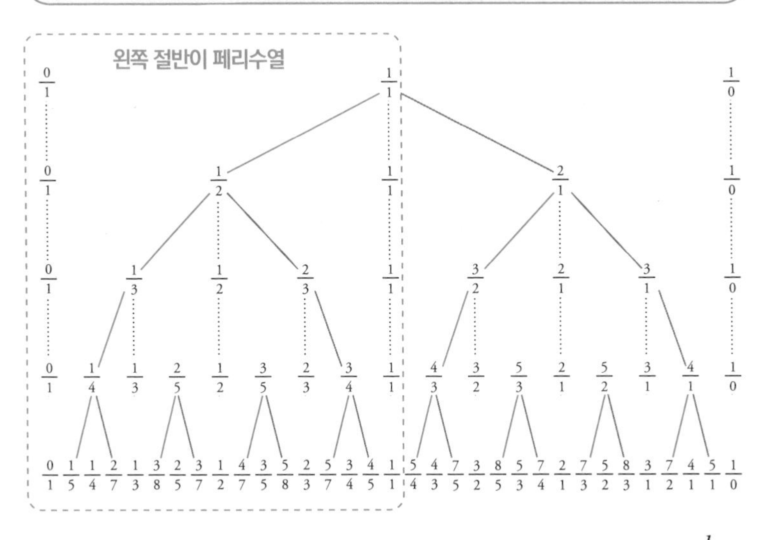

그림과 같이 페리수열의 항을 '페리수열에서 이웃하는 항을 $\frac{b}{a}$, $\frac{d}{c}$라고 하면 $\frac{b}{a}$와 $\frac{d}{c}$ 사이에 처음으로 추가되는 분수는 $\frac{b+d}{a+c}$이다'의 관계성을 알 수 있도록 나누어 쓰면 좌우대칭으로 갈라지게 된다. 이 구조가 마치 나무를 거꾸로 만든 것처럼 보여서 '나무'라고 불린다.

이 나무 구조를 'The Stern−Brocot Tree'라고 부른다. 왜냐하면 독일의 수학자 스턴과 프랑스의 시계장인 브로콧이 발견한 구조이기 때문이다. 시계 톱니바퀴 설계를 하기 위해 적절한 톱니바퀴 비를 구하는 데 활용하였다.

정밀한 기계식 시계를 만들기 위해서는 톱니바퀴끼리 톱니가 잘 맞물리게 하는 것이 중요합니다. 만들 수 있는 톱니바퀴의 수가 정해져 있기 때문에 이상적인 톱니수 비를 설정하기 위해 브로콧은 이 구조를 이용하여 톱니바퀴의 수를 산출했다고 합니다.

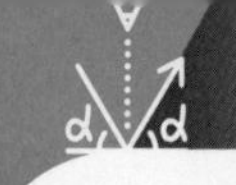

25 찾으면 행운이 찾아올 거야 Happy하고 Lucky한 수열

내가 학생이었을 때는 지금처럼 교통카드가 없었기 때문에 등, 하교 할 때 늘 정기권 또는 표를 이용했다. 하굣길 동아리 친구와 그 표에 기록된 4자리 숫자에 '+', '−', '×', '÷'를 사용하여 '10'을 만드는 놀이를 자주 했었다. 숫자의 조합에 따라 어려울 때도 있었지만 바로 해결되면 희열을 느끼기도 했다.

수학에도 그런 행복의 수, 행운의 수가 존재한다. 이 페이지에서는 '알아 두면 행복하고', '행운이 찾아올 것만 같은!' 수열을 소개한다.

먼저 행복의 숫자부터 설명해보자.

어떤 자연수의 각 행에 제곱의 합을 계산하여 나열한다.

예를 들어 167의 각 행을 제곱해서 더하면,

$$1\times1+6\times6+7\times7=86$$

이 된다. 이것을 똑같이 계산해 나가면

$$8\times8+6\times6=100$$
$$1\times1+0\times0+0\times0=1$$

최종적으로는 1이 된다. 1은 제곱해도 1이니까 이후는 1 그대로이다.

이 수열은 167, 86, 100, 1, 1, 1, 1, …으로 최종적으로 1이 무한대로 이어지는 형태가 된다. 이러한 패턴이 되는 수를 행복의 수(happy number)라고 한다. 즉 '167'은 행운의 수가 된다.

한편 행운의 수가 아닌 수를 불행의 수(unhappy number)또는 슬픔의 수(sad number)라고 한다. 예를 들어 24는,

$2\times2+4\times4=20$

$2\times2+0\times0=4$

$4\times4=16$

$1\times1+6\times6=37$

⋮

이 수열은 24, 20, 4, 16, 37, 58, 89, 145, 42, 20, 4, 16, …으로, 실제로 20 이후는 같은 숫자가 반복되어 절대 1이 되지 않는다.

또한 모든 불행의 수를 계산해 보면 최종적으로 '4, 16, 37, 58, 89, 145, 42, 20'이 반복되는 것을 알 수 있다.

50 이하의 행복의 수를 작은 것부터 순서대로 늘어놓으면 1, 7, 10, 13, 19, 23, 28, 31, 32, 44, 49이며, 이후 행복의 수는 무수히 존재한다. 딱 머리에 떠오르는 숫자를 계산해서 1이 되면 행복! 한 것이다.

다음으로 행운의 수를 소개한다.

자연수의 수열 항을 규칙에 따라 지우고 새로운 수열을 만드는 작업을 반복해 남은 수를 행운의 수(lucky number)라고 한다. 폴란드 수학자인 울람이 처음으로 제안한 것이다.

먼저 자연수 수열을 써낸다.

1, 2, 3, 4, 5, 6, 7, 8, 9, 10, 11, 12, 13, 14, 15, 16, 17, 18, 19, 20, 21, 22, 23, 24, …

1은 무조건 행운의 수로 하고, 그 다음에 '$2n$번째의 수', 즉 짝수를 모든 지운다.

1, 3, 5, 7, 9, 11, 13, 15, 17, 19, 21, 23, …

여기서 두 번째로 얻을 수 있는 '3'이 행운의 수가 된다.

다음으로 '3n번째 수'를 모두 지운다.

1,　3,　　7,　9,　　13,　15,　　19,　21,　…

여기서 3번째로 얻을 수 있는 '7'이 행운의 수이다.

다음으로, '7n번째 수'를 지운다.

1,　3,　　7,　9,　　13,　15,　　　　21,　…

여기서 네 번째로 얻을 수 있는 '9'가 행운의 수이다.

그리고 '9n번째의 수'를 지우고, 그 다음 순서인 행운의 수의 배수를 지운 다음 새롭게 행운의 수 1개를 인정하는 방법을 반복한다.

행복의 수를 구하는 방법

167 → $1\times1+6\times6+7\times7=86$

86 → $8\times8+6\times6=100$

100 → $1\times1+0\times0+0\times0=1$

시험 삼아 절반의 12로 해보자.

12 → $1\times1+2\times2=5$

5 → $5\times5=25$

25 → $2\times2+5\times5=29$

29 → $2\times2+9\times9=85$

85 → $8\times8+5\times5=89$

89 → $8\times8+9\times9=145$

145 → $1\times1+4\times4+5\times5=42$

42 → $4\times4+2\times2=20$

20 → $2\times2=4$

4 → $4\times4=16$

20, 4, 16 어디서 본 기억이 없는가? 79쪽에서 예로 든 '24'의 반복되는 불행의 수와 같기 때문에 12도 불행의 수가 된다.

행운의 수 구하는 법

1 자연수의 수열을 준비

1, 2, 3, 4, 5, 6, 7, 8, 9, 10, 11, 12,
13, 14, 15, 16, 17, 18, 19, 20, 21, 22, 23, 24 …

행운의 수로 한다

2 2*n*번째(순서가 2의 배수) 숫자를 지운다

1, ~~2~~, 3, ~~4~~, 5, ~~6~~, 7, ~~8~~, 9, ~~10~~, 11, ~~12~~,
13, ~~14~~, 15, ~~16~~, 17, ~~18~~, 19, ~~20~~, 21, ~~22~~, 23, ~~24~~ …

1, 3, 5, 7, 9, 11,
13, 15, 17, 19, 21, 23, …

남은 수열 중 두 번째 수를 행운의 수로 한다

3 3*n*번째(순서가 3의 배수) 숫자를 지운다

1, 3, ~~5~~, 7, 9, ~~11~~,
13, 15, ~~17~~, 19, 21, ~~23~~, …

1, 3, 7, 9,
13, 15, 19, 21, …

남은 수열 중 두 번째 수를 행운의 수로 한다

4 7*n*번째(순서가 7인 배수) 숫자를 지운다

1, 3, 7, 9,
13, 15, ~~19~~, 21, …

남은 수열 중 **4** 번째 수를 행운의 수로 한다

다음으로 '9*n*번째 수'를 지운다. 이것을 반복해 간다.

참고로 50 이하에서 행복의 수는
1, 7, 13, 31, 49입니다.
1이나 7은 행운의 숫자라는 이미지와 잘 맞지만
13이나 49 같은 숫자는 꽤 흥미롭네요!

칼럼 4
COLUMN

프로그래밍의 세계에서도 수열은 도움이 될까?

수열의 합을 구하는 계산은 컴퓨터 프로그래밍의 기본 처리 방식 중 하나로 '반복처리'예제로 자주 나온다. 초기 값에서 정해진 횟수만큼 반복하여 셈을 하고 최종 값을 결과로 출력하는 처리기술이다.

여기서 수열과 비슷한 이름을 가진 '배열'이라는 기술이 있다. 배열은 데이터를 넣은 상자가 순서대로 나열되어 있는 이미지가 떠오른다. 이 배열에도 순서를 표시할 목록이 필요한데 이것이 수열의 항에 덧붙이는 첨자이다.

배열은 어디까지나 데이터 상자이므로 내용물을 비워(아무것도 없는 상태)도 상관없고 입력한 데이터가 꼭 숫자가 아니라도 상관없다. '사과'나 '귤', '바나나'와 같은 문자열도 괜찮다.

합산하거나 순서를 바꾸고, 관련 데이터를 통째로 프로그램으로 바꾸는 등 프로그래밍의 세계에서는 반드시 필요한 도구이다.

수열로 사고하는 방법은 정말 도움이 많이 됩니다. 예를 들면 반복처리를 할 때 필요한 결과 값을 얻을 때까지 같은 계산을 반복해야 하기 때문에 시간이 걸리는 경우가 있습니다. 그래서 미리 일반항의 수식을 구해 프로그램에 적어두면 한 번만 계산하여 결과를 얻을 수 있지요.
특히 컴퓨터 성능이 지금처럼 좋지 않았던 시절에는 이러한 방법으로 처리 속도를 향상시켰습니다.

제 3 장

기적의 수열

26 얼마나 유명하게요
이것이 피보나치 수열이다

수열 중에서 가장 유명한 수열 중 하나는 '피보나치 수열'이다.

1, 1, 2, 3, 5, 8, 13, 21, 34, ⋯

이것은 초항과 제2항을 1로 두고 앞의 2개 항의 합계가 다음 항이 되는 수열이다.

아래와 같이 점화식으로 나타낸다.

$$a_{n+2}=a_{n+1}+a_n(a_2=1,\ a_1=1)$$

피보나치 수열은 12~13세기경 이탈리아의 수학자 레오나르도 피보나치의 저서 '산반서'에서 처음 나왔고 여기서 '토끼 문제'를 다루었다.

토끼 한 쌍(수컷 1마리, 암컷 1마리)이 태어났다. 이 한 쌍은 1개월 후에 어른 토끼로 성장해 2개월부터 매월 수컷 1마리와 암컷 1마리로 이루어진 한 쌍의 아기 토끼를 낳는다.
처음에 한 쌍의 토끼 커플이 있었다고 하면, n개월 후에 토끼 커플은 몇 쌍이 될까?
단, 토끼는 죽지 않는다.

어떤 달의 토끼 한 쌍의 수를 살펴보자.

다음 페이지의 그림과 같이 토끼의 쌍은 1, 1, 2, 3, 5, 8, ⋯으로 늘어난다.

여기에서 아기 토끼가 한 달 뒤에 어른 토끼로 성장하기 때문에 다음 달의 토끼 쌍의 수는 이전 달의 쌍의 수와 이번 달의 쌍의 수의 합계인 것을 알 수 있으므로 어느 달의 토끼 쌍의 수는 전달의 토끼 쌍의 수에 전전달의 쌍의 수를 더한 수가 된다.

피보나치 수열

앞의 2개의 항을 더하면 다음 항이 된다

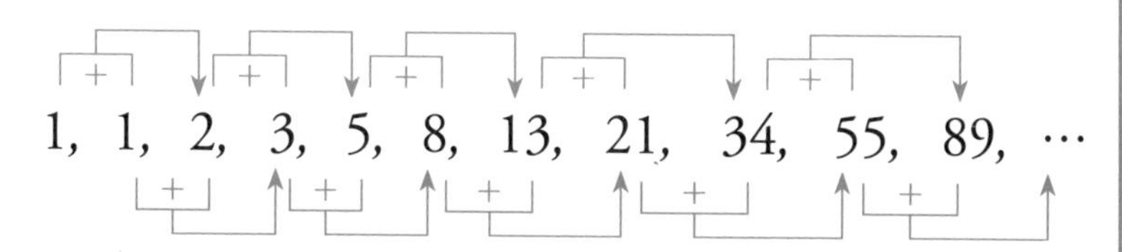

토끼의 문제

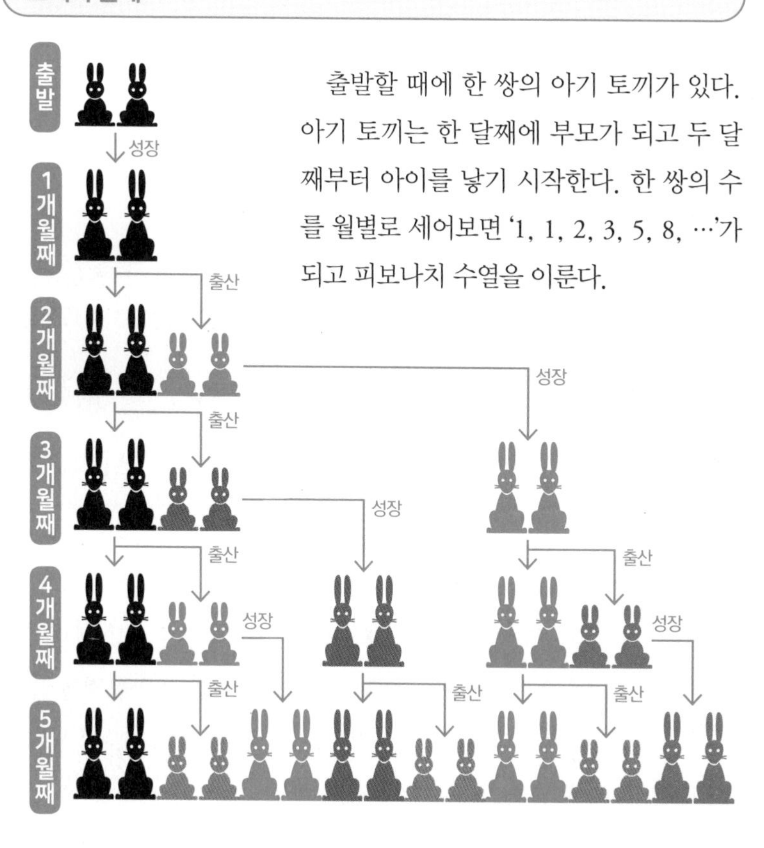

출발할 때에 한 쌍의 아기 토끼가 있다. 아기 토끼는 한 달째에 부모가 되고 두 달째부터 아이를 낳기 시작한다. 한 쌍의 수를 월별로 세어보면 '1, 1, 2, 3, 5, 8, …'가 되고 피보나치 수열을 이룬다.

27 눈을 뜨면 보이는 우리 주변의 피보나치 수열

피보나치 수열은 앞서 말한 토끼 한 쌍의 예와 같이 자연에서 주로 나타난다. 이 페이지에서는 유명한 예를 2가지 들어보겠다.

첫 번째, '꿀벌의 가계도'이다.

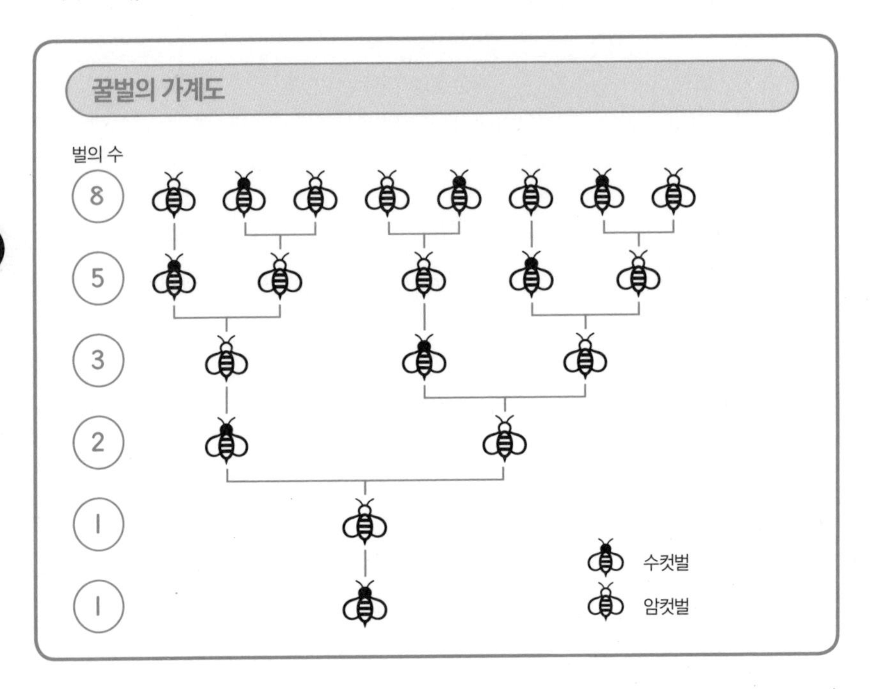

수컷 꿀벌은 미수정란, 암컷(여왕벌)은 수정란에서 태어나는데 수컷 꿀벌은 반수체라고 하여 유전자를 반밖에 가지고 있지 않다. 즉, 암컷 벌에게는 아버지가 있고, 수컷 벌에게는 아버지가 없는 것이다. 그래서 1마리의 수컷 벌 가계도를 그려보면 그 수가 피보나치 수열이 된다.

두 번째는, '계단을 오르는 방법'이다.

계단을 한 계단 또는 두 계단씩 올라간다고 했을 때, 계단의 단수마다 올라가는 방법이 몇 가지가 있는지 생각해 보자.

먼저 0단의 경우는 1가지이다. 1단은 '1단 오르기'밖에 없기 때문에 1가지, 2단의 경우는 '1단씩 2번 오르기'와 '2단 한 번에 오르기' 2가지, 3단의 경우는 '1단씩 3번', '2단→1단', '1단→2단'으로 3가지이다.

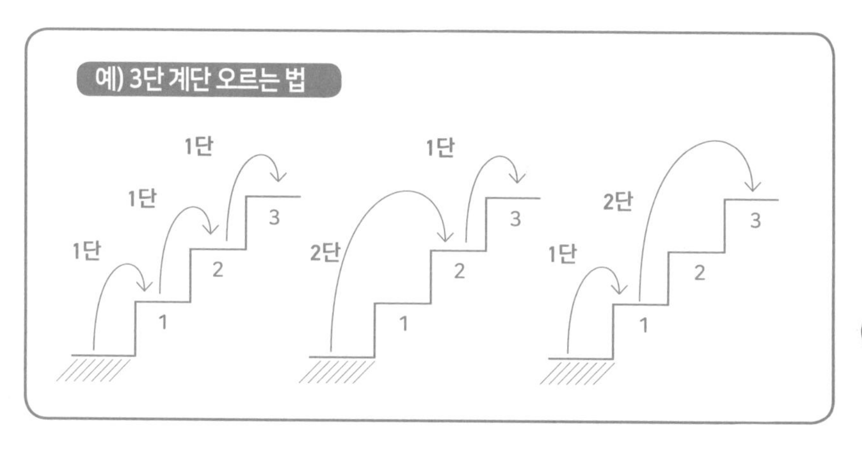

4단은 마지막에 오르는 단수를 1단과 2단으로 나눌 수 있다. 마지막에 오르는 단수를 1단이라고 했을 때 경우의 수는 3단을 오르는 경우의 수인 3가지와 같고, 2단이라고 했을 때는 2단을 오르는 2가지와 같으므로 총 5가지가 된다. 5단도 마지막에 올라가는 단수를 1단과 2단으로 나누어 생각하면 3 + 5 = 8대로 된다. 지금까지의 결과를 나열했을 때 1, 1, 2, 3, 5, 8, …이라는 수를 토대로 피보나치 수열임을 알 수 있다.

실제로 구하고자 하는 단수를 오르는 방법의 '경우의 수'가 1단 아래까지 구한 오르는 방법의 경우의 수와 2단 아래까지 구한 오르는 방법의 경우의 수를 더한 수라는 사실을 이해할 수 있는가?

계단의 단수를 n, 계단 오르는 방법의 수열을 $\{a_n\}$이라고 하면, 1단의 계단을 올라가는 방법은 a_1가지, 2단의 경우는 a_2가지, n단의 경우는 a_n가지로 나타낼 수 있다. 이 수열을 사용해서 보다 범용적인 형태로 나타내 보자.

n단 계단을 올라갈 때 마지막의 n단을 오르는 경우도 1단 올라가거나 2단 올

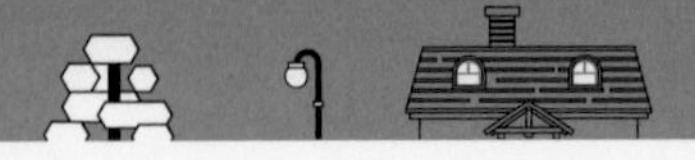

라가거나 둘 중에 하나이다.

1단을 오르는 방법은 $n-1$단부터 1가지, 2단을 오르는 방법도 $n-2$단부터 1가지이므로 2가지 경우의 수를 단순히 더하면 된다.

n단의 계단 오르기 방법을 a_n가지로 하면 다음과 같이 생각할 수 있다.

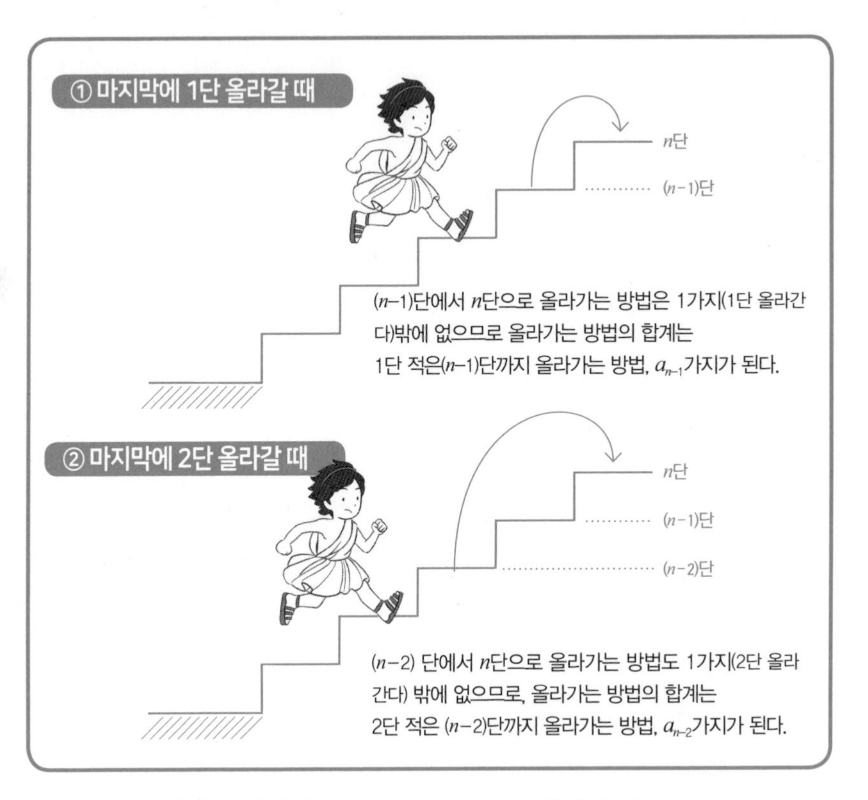

n단까지 올라가는 방법의 합계 a_n은, ①과 ②의 합계가 되므로

$$a_n = a_{n-1} + a_{n-2} \quad (n \geq 3)$$

앞의 두가지의 항의 합계가 다음 항이 되기 때문에 피보나치 수열이다.

고3 전국연합학력평가 문제에도 피보나치 수열이 등장!

2004년 4월 고3 모의고사 수리영역 나형에 실제로 피보나치 수열 문제가 등장했다.

27. A, B, C 세 사람은 아래와 같은 규칙으로 전자우편을 보내기로 하였다.

> Ⅰ. A는 B에게만 보낸다.
> Ⅱ. B는 A와 C 모두에게 각각 한 통씩 보낸다.
> Ⅲ. C는 A와 B 모두에게 각각 한 통씩 보낸다.

아래 그림과 같이 B부터 전자우편을 보내기 시작할 때, [1단계], [2단계], [3단계]에서 A가 받은 전자우편의 개수를 각각 a_1, a_2, a_3라 할 때, a_{10}의 값을 구하시오. (예를 들면 $a_3 = 2$ 이며, 전자우편의 개수와 용량은 제한하지 않는다.) **[4점]**

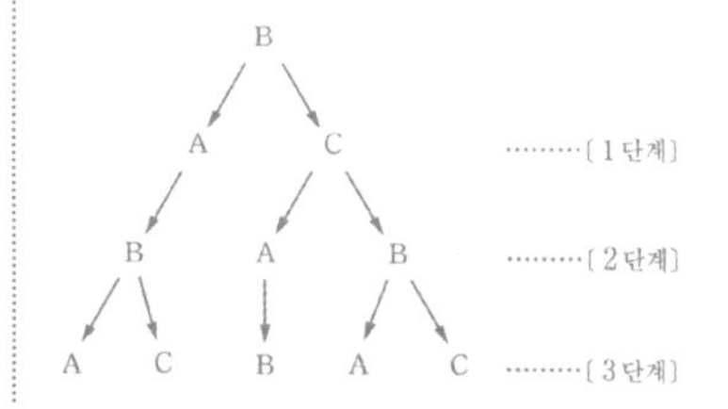

문제 중에 '피보나치 수열'이라는 문제는 없지만 본문 86쪽의 꿀벌의 가계도와 같은 예시를 떠올린다면 이 문제가 '피보나치 수열'과 관련된 문제라는 것을 쉽게 알 수 있다.

[1단계]에서는 A가 하나이므로 $a_1 = 1$

[2단계]에서도 A가 하나이므로 $a_2 = 1$

[3단계]에서는 A가 두개이므로 $a_3 = 2$ 가 된다.

그러면 A는 $a_4 = 3$, $a_5 = 5$, $a_6 = 8$, ⋯ 와 같이 이어진다.

그리고 $a_{n+2} = a_{n+1} + a_n$이므로 $a_{10} = 55$가 된다.

물론 다른 방법으로도 가능하겠지만 이 문제는 수열 사이의 관계식을 찾아서 풀 수 있는 문제이다. 그리고 수열의 규칙을 발견할 때까지 끈기 있게 풀어내는 것이 중요하다. 여러분도 문제가 어려워 보인다고 포기하지 말고 끝까지 도전해보자!

28 사람들이 아름답게 느끼는 황금비의 세계

이 책을 만들면서 소속사 매니저에게 "황금비라는 말 들어봤어요?" 라고 물어봤더니 "네! 그럼요. 만두 양념장 만들 때 식초와 간장 배합 비율이 황금비잖아요."라는 대답을 들었다.

이처럼 일상생활에서 '논리가 어떻든 그림이나 말로 표현할 수 없는 절묘한 비율'을 황금비라고 이야기한다. 황금비는 인간이 가장 아름답다고 느끼는 비율을 말하며, 고대에서 부터 많은 예술가와 수학자들을 매료시켰다.

그리고 그 비율의 정확한 값은

'$1:(1+\sqrt{5})\div 2$'

좀 더 쉽게 말하면 '1:1.618033…'이다.

이 '1.618033…'를 **황금비**라고 하며, ϕ(파이)라고 하는 기호로 나타낸다. 근사값은 '1:1.618','5:8'로 57쪽에서 언급한 수학자 유클리드가 '원론'에서 '외중비'라는 말로 다음과 같이 정의하였다.

어떤 선분(線分)을 두 부분으로 나눌 때 전체와 긴 부분의 비가 긴 부분과 짧은 부분의 비가 같다면 그 선분은 황금비로 나뉘어져 있다.

미술과 건축 세계에서도 황금비라는 말이 자주 사용되고 있는데 '밀로의 비너스', '쿠푸 왕의 피라미드', '파르테논 신전' 등이 유명하다.

'밀로의 비너스'는 배꼽을 경계로 한 위아래 길이의 비, '쿠푸 왕의 피라미드'는 높이와 밑변의 비, '파르테논 신전'은 높이와 가로 폭의 비가 황금비로 이루어져 있다.

이처럼 황금비는 일부러 비율을 맞춰서 디자인 했을 수도 있고 우연히 황금비가 맞춰진 경우도 있을 것이다.

황금비라고 불리는 건축물이나 예술작품들

파르테논 신전

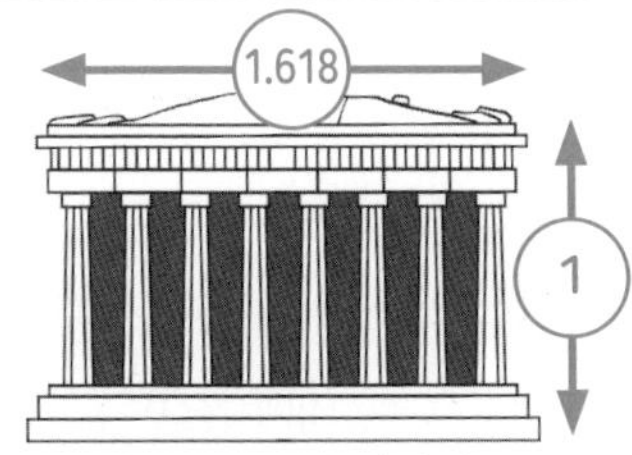

지면에서 지붕까지의 높이와 가로 쪽의 비율이 황금비로 되어 있다.

쿠푸 왕의 피라미드

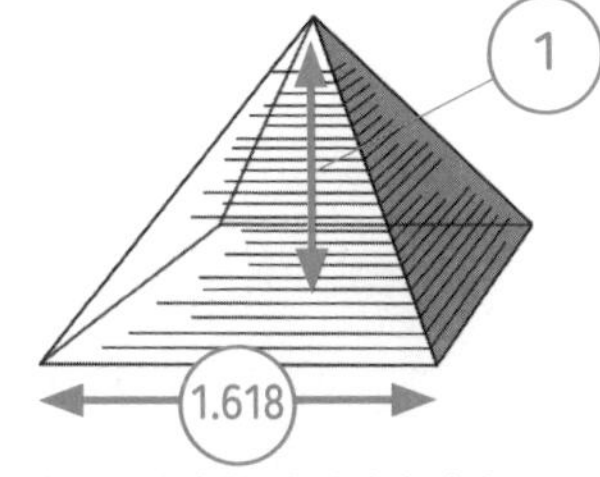

높이와 밑면의 한 변 길이의 비가 황금비로 되어 있다.

다빈치의 황금비

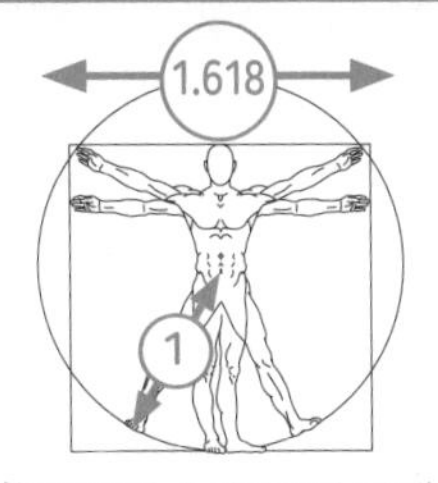

단전(배꼽에서 손가락 2개 아래)에서 발끝과 벌린 양팔의 비가 황금비이다.

밀로의 비너스

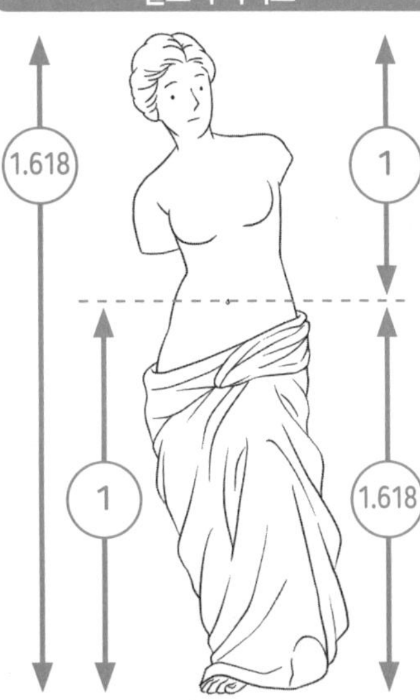

발끝에서 배꼽까지, 배꼽에서 머리끝까지 길이의 비, 발끝에서 배꼽까지와 전신길이의 비가 황금비로 되어 있다.

파리의 개선문

지면에서 문까지의 길이의 비가 각각 황금비이다.

29 '1 : ϕ'의 분할은 무한대로
[여러 가지 황금비 ①] 황금사각형

우리 주변을 둘러보면 상상 이상으로 황금비가 많이 숨어있다는 사실을 알 수 있다. 우리가 평소 아무렇지도 않게 사용하는 것들 속에도 황금비를 포함하는 경우가 많다. 그중의 하나가 **'황금사각형'**이다.

가로세로비가 다음 페이지의 그림과 같이 '1 : 1.618··· = 1 : ϕ', 즉 황금비로 된 직사각형을 말한다.

이 직사각형을 '정사각형과 그 이외'의 부분으로 분할하면 '그 외'의 부분은 황금사각형, 즉 **가로세로비가 1 : ϕ**로 이루어지게 된다. 그리고 다시 그 황금사각형을 '정사각형과 그 외'의 부분으로 분할하면 새롭게 작은 황금사각형이 생겨난다. 이 '정사각형과 그 외'로 계속 분할을 해도 끝없이 황금사각형이 생겨난다.

또 첫 번째 황금사각형의 대각선과 다음에 생긴 황금사각형의 대각선을 그어보면 두 선이 직각으로 교차한다는 사실을 알 수 있다. 첫 번째 황금사각형의 대각선은 세 번째에 생기는 황금사각형의 대각선과 겹쳐지고, 두 번째에 생긴 황금사각형의 대각선은 네 번째에 생긴 황금사각형의 대각선과 겹쳐진다.

황금사각형을 **계속 분할하면 두 개의 대각선이 교차하며 수렴**하게 된다. 신기하지 않은가? 참고로 우리 주변에서 볼 수 있는 여권이나, 명함, 신용카드도 가로세로 비율이 황금비에 가깝다.

그리고 오른쪽 그림의 '황금나선'과 같이 황금사각형으로 '정사각형과 그 외'로 분할된 정사각형을 호(弧)로 이으면 나선이 만들어진다는 사실을 알 수 있다(황금나선에 대해서는 다음 페이지에서 자세히 설명하겠다).

어디서 본 적이 없는가? 맞다. 나선형 모양의 달팽이 껍질을 닮았다. 달팽이를 좋아하는 사람은 물론, 잘 모르는 사람도 내일부터 '달팽이는 황금나선!'이라고 하면 보다 흥미가 생길 것이다.

황금사각형

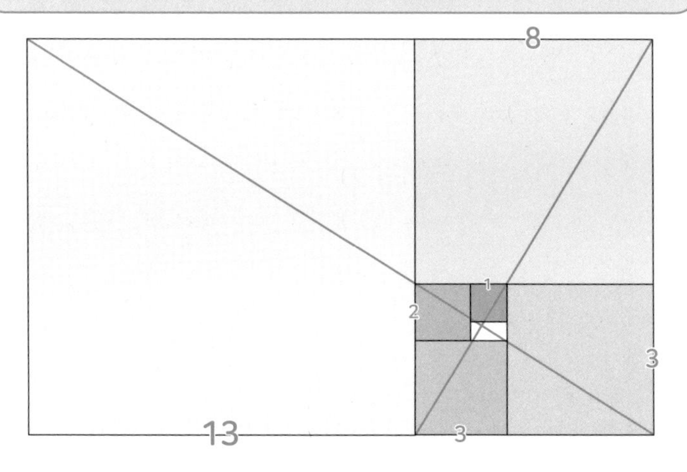

황금나선

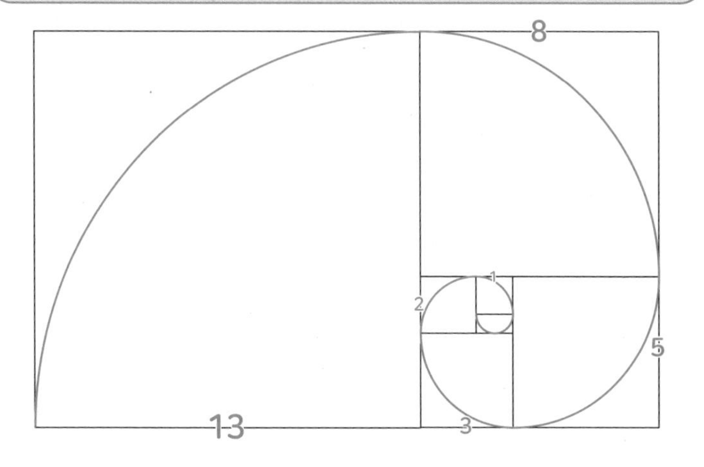

수렴되는 부분의 정사각형에서 발산하는 방향(커지는 쪽)으로 정사각형 한 변의 길이의 비를 보면 1, 2, 3, 5, 8, 13, …으로 초항 1을 제외한 제2항부터의 피보나치 수열이라는 점을 알 수 있다.

30 생물들의 성장 그리고 [여러 가지 황금비 ②] 황금나선과 대수나선

자연계에 존재하는 나선에 대해 좀 더 자세히 알아보자.

황금사각형을 나누면서 생긴 정사각형에서 대각선을 그리듯 원호를 계속 그리면 '황금나선'이 나타난다. 황금나선은 정사각형의 절개 부분에서 미묘하게 곡선 모양이 바뀌는데, 이를 보다 매끄럽게 그으면 오른쪽 그림과 같은 '대수나선'이라고 하는 곡선을 그릴 수 있다. 대수나선은 등각나선이라고도 하며, 중심에서 뻗은 직선과 나선의 교점의 접선으로 이루어진 각도가 항상 같다는 성질을 가지고 있다.

대수나선이 가진 성질로 가장 중요한 것이 '자기상사성'으로, '어디를 잘라내도 같은 형태가 되는' 성질이다. 확대나 축소를 해도 전체 형태가 변하지 않기 때문에 동물, 식물, 자연현상 등 자연 곳곳에서 볼 수 있다.

달팽이 껍데기 외에 자연에서 '대수나선'으로 유명한 것이 앵무조개이다. 앵무조개는 성장함에 따라 조개껍데기가 커지지만 원래 조개껍데기의 형태를 바꾸거나 새로운 껍데기를 필요로 하지 않는다. 성장할 때마다 '대수나선'에 따라 같은 비율로 점점 확대하며 효율적으로 성장하기 때문이다.

대수나선은 앵무조개 이외에도 대합과 같은 쌍각류의 조개와 전복 등에서도 볼 수 있다. 둘둘 말지 않았을 뿐, 대수나선을 그리듯 성장해 가는 것을 알 수 있다.

이 밖에도 양이나 소의 뿔도 똑같이 대수나선을 그리며 성장하는 것으로 알려져 있고, 태풍 소용돌이나 은하계가 대수나선과 비슷한 형태로 되어 있는 것도 항상 같은 형태로 성장하기 때문이라고 한다.

매는 하늘에서 사냥감을 덮칠 때 대수나선을 그리며 하강한다고 합니다. 이것은 중심에 있는 먹이를 항상 같은 각도에서 지켜봄으로써 먹이를 잃어버리지 않고, 공기저항을 크게 하여 쉽게 내릴 수 있도록 하기 위한 것입니다.

대수나선

중심에서 뻗은 직선과 나선의 교점의 접선으로 이루어진 각도가 항상 같다.

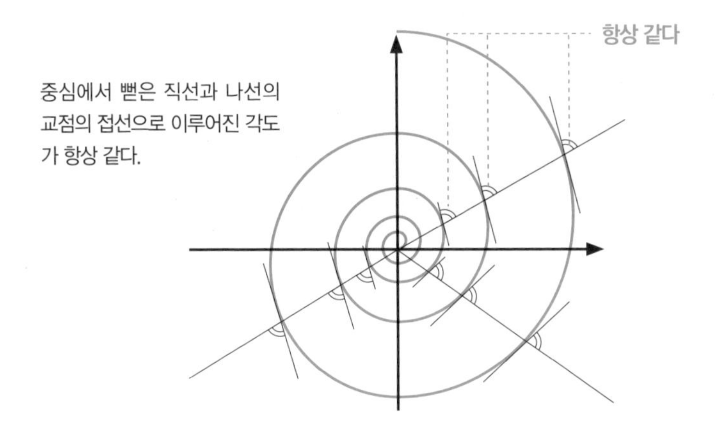

자연에서 볼 수 있는 대수나선

앵무조개의 껍데기

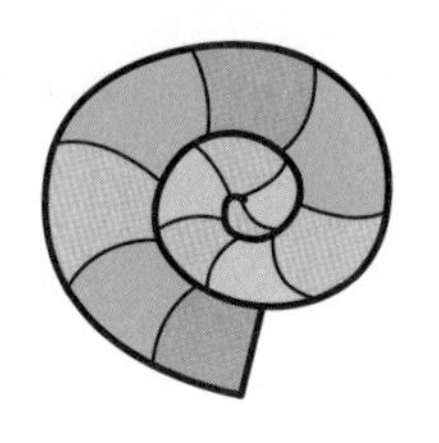

은하계의 소용돌이

매가 나는 법

양의 뿔

31 모든 형태는 우연이 아니야
[여러 가지 황금비 ③] 정오각형과 황금삼각형

'정오각형' 하면 뭐가 생각날까?

미국의 펜타곤, 하코다테의 고료카쿠, 화학식의 사이클로펜테인(cyclo-pentane)이나 펜타졸(pentazole), 축구공의 외피 등 여러 가지가 있다. 이 정오각형에도 사실은 황금비가 숨어있다.

2개의 대각선이 오른쪽 그림 ①과 같이 교차할 때, 짧은 쪽의 선분과 긴 쪽의 선분의 비율이 $1 : \phi$ (황금비)로 이루어져 있다(이 주장에 대한 증명까지 풀어놓는다면 이야기가 너무 길어지기 때문에 이 책에서는 생략하기로 한다).

또한 오른쪽 그림 ②와 같이 1개의 꼭짓점에서 2개의 대각선을 그으면 변의 비가 $\phi : \phi : 1$인 이등변삼각형이 1개, $1 : 1 : \phi$ 의 이등변삼각형이 2개 생긴다. 이들 삼각형을 '황금삼각형'이라고 한다.

사실 황금삼각형도 황금사각형과 같이 분할하면 새로운 황금삼각형이 생긴다. 분할을 무한대로 반복해나가고, 그 정점을 곡선으로 연결해 가면 황금나선을 그릴 수 있다.

덧붙여 말하자면 정오각형이나 그 대각선으로 만들어지는 오각성 등은 360°의 5분의 1, 즉 72°씩 5번 회전시키면 제자리로 돌아오는 성질이 있다. 이 성질을 '오회대칭성'이라고 하며 정오각형, 황금비와 관련이 많다.

자연에서 꽃잎 다섯 장을 가진 꽃의 종류도 굉장히 많고, 별 모양을 하고 있는 동물 하면 누구나 불가사리를 바로 떠올릴 수 있을 정도로 오회대칭성을 가지는 예가 많다. 이는 황금비나 오회대칭성을 가지는 구조가 자연에서(생존에) 유리하게 작용하기 때문이라고 생각한다.

정오각형과 황금비

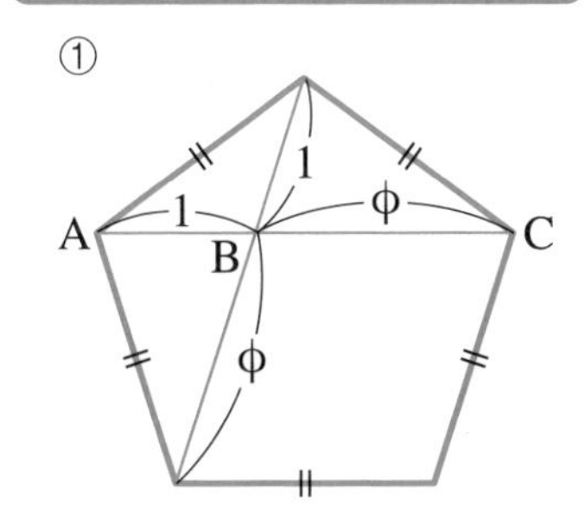

AB : BC = 1 : ϕ (황금비)

황금삼각형

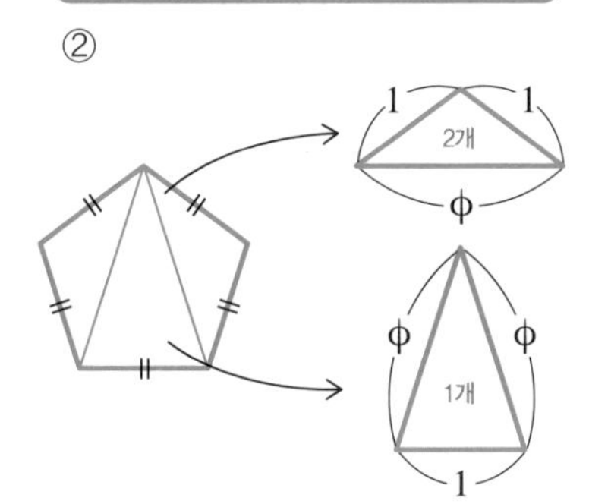

황금삼각형과 황금나선

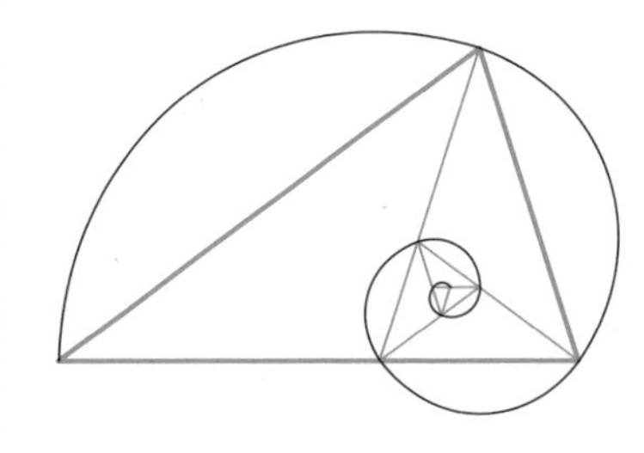

황금삼각형의 열에서
황금나선을 그릴 수 있다.

오회대칭성

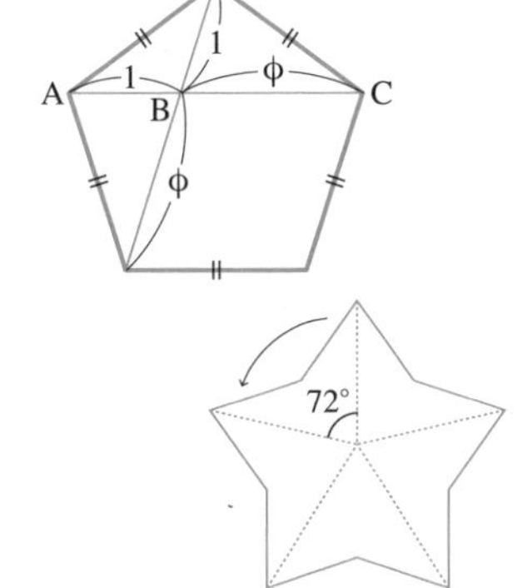

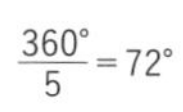

$\frac{360°}{5} = 72°$

72°씩 5번 회전할 때
자기자신과 겹친다

칼럼 5
COLUMN

노벨 물리학상 수상의 펜로즈 '펜로즈 타일'에도 황금비가!

기하학에서는 '평면을 도형으로 가득 채우려면 어떻게 해야 할까?'라는 문제를 오랫동안 연구하고 있다고 한다.

물론 누군가는 그런 연구를 하는 것이 무슨 의미가 있냐며 의아해할 수도 있다.

하지만 세기의 대발견이라고 하는 것은 매우 아찔한 여정과 피나는 노력, 그리고 보통 사람이 생각하지 못하는 일을 해야 하는 것인지도 모른다.

이 연구를 통해 영국의 물리학자 로저 펜로즈가 2020년 노벨 물리학상을 수상하였다. 그 펜로즈가 고안한 '펜로즈 타일'에 황금비가 등장한다.

오른쪽 그림과 같이 '다트'와 '연'이라고 하는 2종류의 마름모꼴이 있는데, 이 2종의 마름모꼴로 평면을 채워나갈 수 있다. 각각 1:1:ϕ(다트)과 ϕ:ϕ:1(연)의 황금삼각형 2종류 나란히 배치하면 된다.

다시 깔아놓는 범위를 무한대로 넓혀 가면, 2종류의 도형 개수의 비율도 ϕ에 가까워진다. 여기서 잠깐 펜로즈 타일을 바라보자. 별 모양이 떠오르지 않는가? 황금삼각형을 만들기 위해 정오각형에 대각선을 긋고, 모든 걸 다 이으면 별모양이 되는 것을 알 수 있다.

황금비와 별이라니 신기한 이야기다.

펜로즈 타일의 다트와 연

• 다트

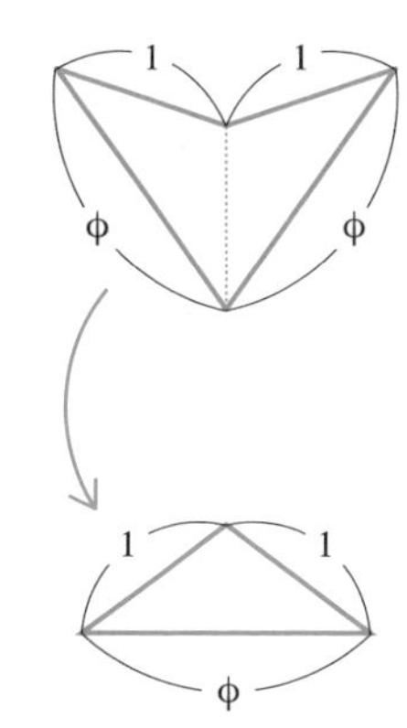

• 연

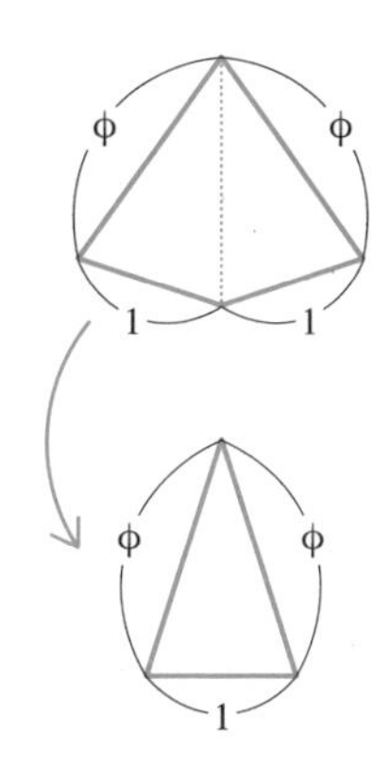

펜로즈 타일

32 떼려야 뗄 수 없는 일본 문화 속 백은비

황금비는 서양 문화에서 자주 볼 수 있는데 비해 일본 미술이나 건축 세계에서는 '백은비(은 비율)'를 선호하는 편이다.

$1:\sqrt{2}$(루트2).

이는 정사각형 한 변과 대각선의 비이기도 하다. 근사값은 '1:1.41421356 …'.

백은비는 '호류사 오층탑'과 같은 일본 건축이나 히시카와 모로노부의 '뒤돌아보는 미인'과 같은 일본 미술에서 볼 수 있다. '호류사 오층탑'은 최상단과 최하단 지붕 길이 비가, '뒤돌아보는 미인도'는 띠를 경계로 한 상하 길이의 비가 백은비로 이루어져 있다.

또, 황금사각형과 같이 가로세로변의 비가 백은비로 이루어진 사각형을 '백은 사각형'이라고 한다. 오른쪽 그림과 같이 사각형의 긴 변의 중점을 잘라서 반으로 나누면 남은 사각형도 백은 사각형이다.

사실 이것은 우리가 평소에 쓰는 A4 같은 종이의 가로세로의 비와 똑같다. A3의 종이를 반으로 나누면 A4가 되고, 또 반으로 나누면 A5가 된다. 이는 확실히 백은 사각형의 성질과 일치한다.

백은비 외에 청동비(1:3.303…)나 백금(또는 플래티넘)비(1:1.732…)도 있어 황금비와 더불어 '귀금속비'의 하나로 알려져 있다.

어원에 대해서는 알 수 없지만, 특별한 수치라는 의미를 직설적으로 전달하기 좋은 말이다.

백은비는 의외로 가까운 곳에 숨겨져 있으니 집 안은 물론, 외출했을 때 주변에 어떤 백은비가 있는지 찾아보는 것도 하나의 재미일 것이다.

백은비로 불리는 건축물이나 예술작품의 예

호류사 오층탑

최상층 지붕과 최하층 지붕의 가로 폭의 비율이 백은비로 되어 있다.

뒤돌아보는 미인

허리에서 위와 허리에서 아래 길이의 비가 백은비로 되어 있다.

도쿄 스카이 트리

전체 높이와 제2전망대까지의 높이가 백은비로 되어 있다.

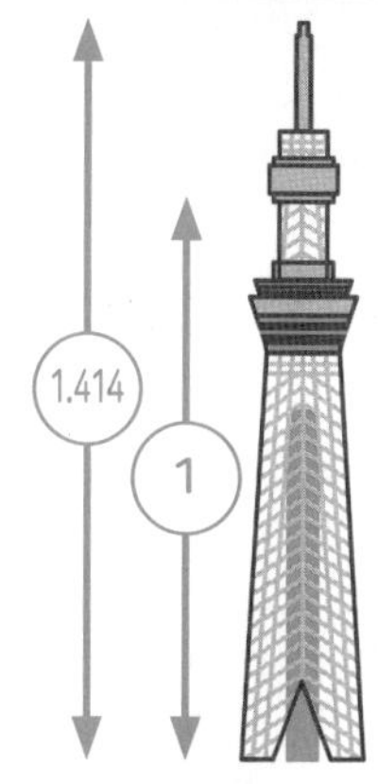

A판

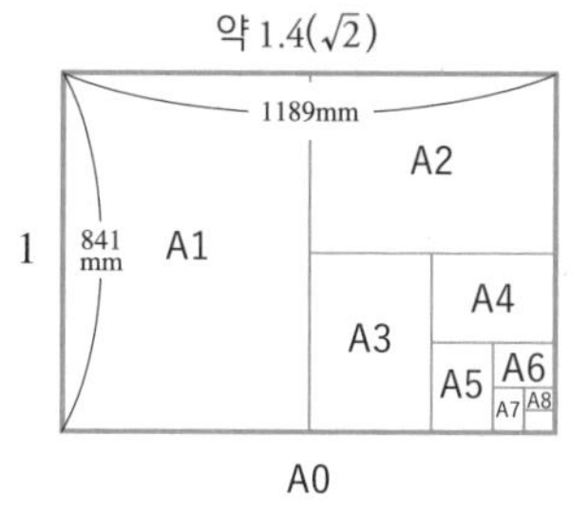

자주 사용하는 복사용지도 백은비. B판도 마찬가지다.

인기 캐릭터인 키티, 도라에몽, 호빵맨 얼굴의 가로 세로 폭도 백은비라고 합니다.

33 $\frac{(1+\sqrt{5})}{2}$ 을 보면 의심할 만한 황금비와 피보나치 수열의 밀접한 관계

90쪽에서 '황금비'는 $\frac{(1+\sqrt{5})}{2} = 1.618033\cdots = \phi$ 으로 나타낼 수 있다고 설명하였다. 그리고 이 황금비로 분할하는 것을 **'황금분할'**이라고 한다.

그런데 알고 보면 이 황금비는 피보나치 수열과 밀접한 관련이 있다.

아래의 피보나치 수열부터 살펴보자.

[피보나치 수열]

1, 1, 2, 3, 5, 8, 13, 21, 34, 55, …

혹은 여기서 이웃하는 항의 비율을 차례로 살펴보면

$$\frac{1}{1}=1 \quad \frac{2}{1}=2 \quad \frac{3}{2}=1.5 \quad \frac{5}{3}=1.667\cdots \quad \frac{8}{5}=1.6 \quad \frac{13}{8}=1.625\cdots$$

가 된다. 항의 값이 늘어나면서 점점 황금비에 가까워진다는 것을 알 수 있다.

여기서 이웃하는 항의 비율을 계속해서 무한히 구하면 항의 비율이 ϕ에 수렴하는 성질을 가지고 있다.

피보나치 수열은 1부터 시작되지만, 실은 처음 2개 항이 무엇이든 황금비로 수렴해 간다. 예를 들어 3과 7로 시작하는 피보나치 수열의 경우,

3, 7, 10, 17, 27, 44, 71, …

$$\frac{7}{3}=2.333 \quad \frac{10}{7}=1.429 \quad \frac{17}{10}=1.7 \quad \frac{27}{17}=1.588 \quad \frac{44}{27}=1.630 \quad \frac{71}{44}=1.614\cdots$$

이와 같이 ϕ 에 가까워지고 있음을 알 수 있고 황금비는 쓸모가 굉장히 많다는 사실을 알 수 있다.

수	비
1	
	× 1
1	
	× 2
2	
	× 1.5
3	
	× 1.66⋯
5	
	× 1.6
8	
	× 1.625
13	
	× 1.615384⋯
21	
	× 1.619047⋯
34	
	× 1.617647⋯
55	
⋮	⋮
n번째의 수	
	× 1.618033⋯
$n+1$번째의 수	

↓ 점점 가까워져 간다

ϕ

비네의 공식

프랑스의 수학자이자 물리학자였던 자크 비네(1786~1856년)는 'n번째 피보나치 수열은 황금비를 써서 나타낼 수 있다'고 하며 '비네의 공식'이라 불리는 것을 알렸다.

아래 식의 n에 100을 대입하면, 100번째 피보나치 수열이 된다. 그리고 이 공식에는 황금수인 $\frac{(1+\sqrt{5})}{2}$이 포함되어 있다.

$$F_n = \frac{1}{\sqrt{5}}\left\{\left(\frac{1+\sqrt{5}}{2}\right)^n - \left(\frac{1-\sqrt{5}}{2}\right)^n\right\}$$

34 기적의 산물인 자연! 식물 속에 숨어 있는 피보나치 수열

식물과 피보나치 수열도 중요한 관계다.

대부분의 꽃잎 갯수는 피보나치 수열 중 하나로 이루어져 있다.

이를테면 벚나무, 매화, 제비꽃, 팬지 등은 5장, 비연초는 8장, 삼치국이라는 국화과의 꽃은 13장, 마거리트는 21장이며, 튤립은 꽃잎이 3장이다 (물론 예외도 있다).

피보나치 수열을 다시 보면 100 이하의 수에는 홀수가 많다. 11개 중 8개로 무려 72.7%나 된다!

(1), (1), 2, (3), (5), 8, (13), (21), 34, (55), (89), …

꽃점은 꽃잎의 수가 홀수일 경우 처음과 끝이 같다. 그래서 꽃점을 볼 때는 미리 꽃의 종류와 꽃잎의 수를 머릿속에 생각하고 소망을 먼저 말하는 것이 좋다.

또한, 꽃뿐만 아니라 잎이 나는 방법 속에도 피보나치 수가 존재한다.

식물은 자랄 때 줄기를 따라 나선을 그리듯이 잎이 나는데, 위에서 보면 되도록 잎이 겹치지 않도록 생겨난다. 그것이 더 많은 잎에 햇빛이나 비를 맞기 쉬워서이다. 그래서 위에서 봤을 때 잎이 정확히 겹칠 때까지 도는 회수와 매수가 피보나치 수와 일치하는 경우가 많다고 한다.

줄기에 잎이 생기는 방법을 전문적으로는 **'엽서'**라고 부른다.

예를 들어 벼과 식물은 줄기를 한 바퀴 돌다가 2장 째에 겹치기 때문에 '$\frac{1}{2}$엽서', 카나덴시스는 5바퀴, 13장 째에 딱 겹치기 때문에 '$\frac{5}{13}$엽서'라고 한다.

또한 꽃과 잎뿐만 아니라 씨앗과 과실도 마찬가지이다.

해바라기 씨앗은 빼곡하게 있지만 자세히 보면 바깥방향으로 나선을 그리듯

꽃잎 갯수

벚꽃 5장 튤립 3장 마거리트 21장

엽서

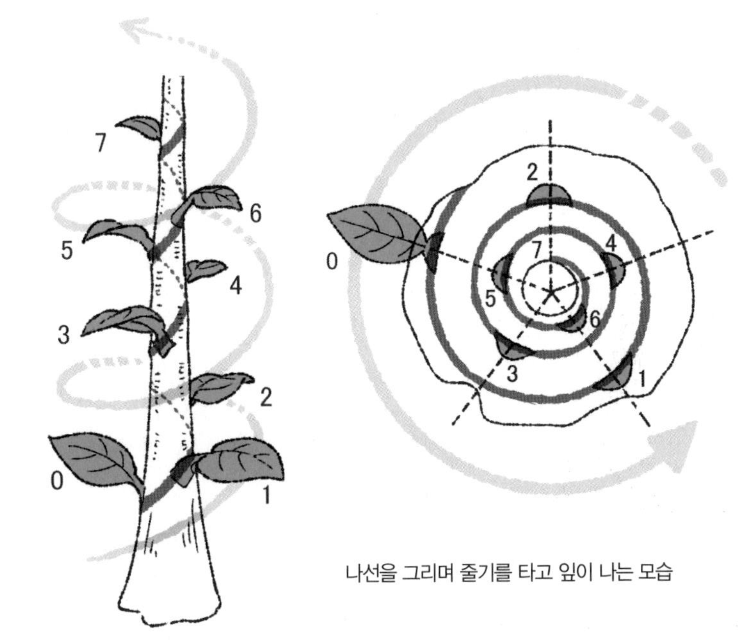

나선을 그리며 줄기를 타고 잎이 나는 모습

나열되어 있다. 이 나선의 개수가 피보나치 수로 이루어져 있다.

시계방향과 시계반대방향의 2종류의 나선이 나타나는데 서로 이웃하는 피보나치 수열의 수가 된다.

솔방울이나 파인애플과 같이 작은 과실이 모여 하나의 과실을 이루는 '집합과'라는 열매에서도 피보나치 수열을 명확하게 관찰할 수 있다.

솔방울이라면 5개나 8개, 13개, 파인애플이라면 8개, 13개, 21개, 34개의 열의 수로 이루어졌고, 시계 방향과 반시계 방향의 2방향에서 각각 이웃한 피보나치 수열의 수만큼 비늘조각이 있음을 확인할 수 있다.

이렇게 이루어진 이유는 가능한 한 많은 후손을 남기기 위해 효율적으로 씨앗을 남길 수 있는 배열이기 때문이라고 한다.

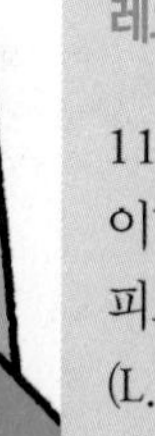

레오나르도 피보나치(*Leonardo Fibonacci*)

1170년경~1250년경, 이탈리아 태생의 수학자이다.

피보나치는 애칭으로, 본명은 피사의 레오나르도(L. da pisa)로 추정되고 있다. '산반서'를 집필 · 출판해 피보나치 수열을 남겼다.

북아프리카 아랍인들을 상대로 수입업을 하던 아버지 밑에서 일했고 알제리에서 머물며 아랍어를 배운 뒤, 아랍의 10진법 수체계를 익혔다. 그리스나 로마의 수체계보다 사용하기 쉽다는 것을 깨닫고 그것들을 유럽으로 확산시켰다.

식물과 피보나치 수열

해바라기 씨

해바라기 꽃심에서 시계반대 방향의 나선에 34개와
시계방향의 나선에 21개가 있음을 알 수 있다.

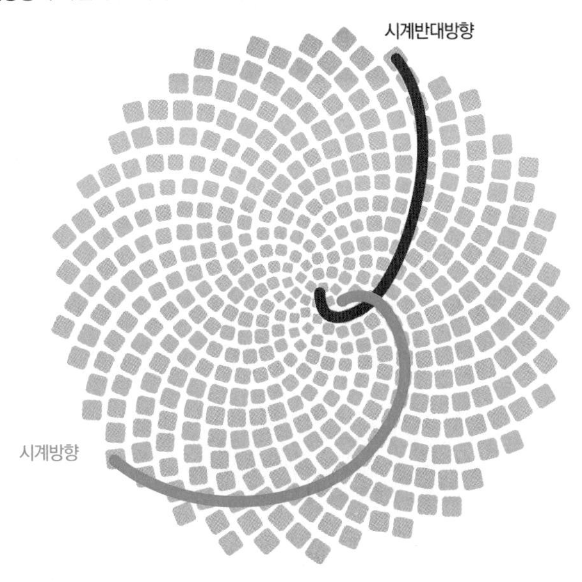

솔방울

비늘조각이 나선을 그리며 솔방울을 이루고 있다. 시계 반대 방향의 나선에 13개, 시계 방향의 나선에 8개가 있음을 알 수 있다.

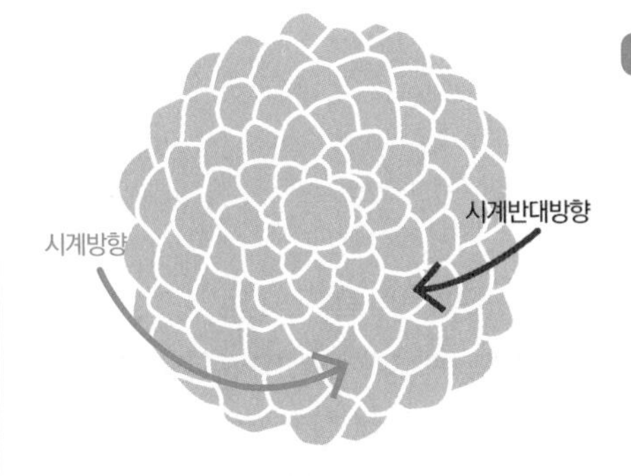

칼럼 6 COLUMN

무한대로 이어지는 아름다운 황금수

분수의 분모에 분수가 더 포함되어 있는 수를 '연분수'라고 한다. 분모 중에 하나라도 분수가 '겹 구조'로 되어 있으면, 그것은 연분수이다. 분모에 무한히 분수를 포함하여 무한히 이어지는 연분수도 있다. 그중에서 같은 수만으로 나타내는 것이나 적은 수의 정수만으로 나타내는 연분수는 특히 아름답다고 여겨진다.

가장 아름다운 비율인 황금비를 연분수로 나타내면 다음과 같다.

$$\phi = 1 + \cfrac{1}{1 + \cfrac{1}{1 + \cfrac{1}{1 + \cfrac{1}{1 + \cfrac{1}{1 + \cfrac{1}{1 + \cfrac{1}{1 + \cfrac{1}{1 + \cdots}}}}}}}}$$

어떠한가? 혹시 '예술이다!'라고 생각한다면 이미 수학뿐 아니라 수열이라는 다소 마니아적인 세계에 빠졌다는 증거일 것이다.

덧붙이자면 황금비(ϕ)의 연분수는 '1'이라는 수밖에 나오지 않는다. 황금수는 연분수도 아름답게 만들고 있는 것이다.

그 밖에도 $\sqrt{2}$와 π 등 특수한 수의 연분수도 신비롭고 아름답다.

이 책에서는 생략하겠지만, 관심이 있다면 한번 알아보도록 하자.

제 4 장

쓸 만한 수열

35 등차수열과 등비수열을 잘 사용하면 저축도 대출도 이득을 볼 수 있다

12쪽에서 이자 계산도 수열로 나타낼 수 있다고 말했는데 이자 계산방법은 앞에서 말한 '단리방식'과 앞으로 소개해드릴 '복리방식' 두 가지로 나뉜다.

이자를 따질 때는 원금에 이자율을 곱하되 원금이 처음부터 항상 변하지 않는 것이 단리방식이고, 계산한 이자를 더해 다음 원금을 계산하기 때문에 원금이 항상 바뀌는 것이 복리방식이다.

예를 들어, 은행에 100만 원을 저축했고 이자가 1년마다 1%씩 발생한다고 하자.(유감스럽게도 현재는 그런 은행은 거의 없겠지만… 쉬운 계산을 위해!)

1년 후 100만 원의 1% 이자, 즉 1만 원이 추가된다. 저축액은 단리방식이든 복리방식이든 똑같이 101만 원이지만 단리방식으로는 '원금'이 100만 원으로 동일하고, 복리방식으로는 '원금'이 100+1=101만 원이다.

2년 후 단리 방식의 이자는 같은 1만 원이다. 그러나 복리방식의 경우 101만 원의 1%가 되므로 1만100원이다. 적은 액수이긴 하지만, 복리 방식일 경우 100원 더 많아진다.

'뭐야, 고작 100원 이라니 뭐 별반 다를 게 없는 거 아니야?'라고 생각할 수도 있는데, 오른쪽 그래프를 보자. 연수가 지날수록 그 금액 차이가 커진다는 사실을 알 수 있다. 15년 후에는 1만 원, 43년 후에는 10만 원이 차이난다.

만약 원금이 한 자리 더 많으면 어떨까? 그냥 맡기고만 있어도 어느새 100만 원이 불어날 것이다!

단기적이거나 소액이라면 저축이나 대출을 할 때 '단리 방식'이나 '복리 방식'이 그렇게 차이가 나지는 않는다.

그러나 장기적으로 보았을 때 혹은 고액이라면 좋든 나쁘든 차이가 크다. 자신이 맡긴 돈이 도대체 얼마나 되는지, 지불하는 대출이 얼마나 손해를 보는지 직접 계산할 수 있으면 좋을 것이다.

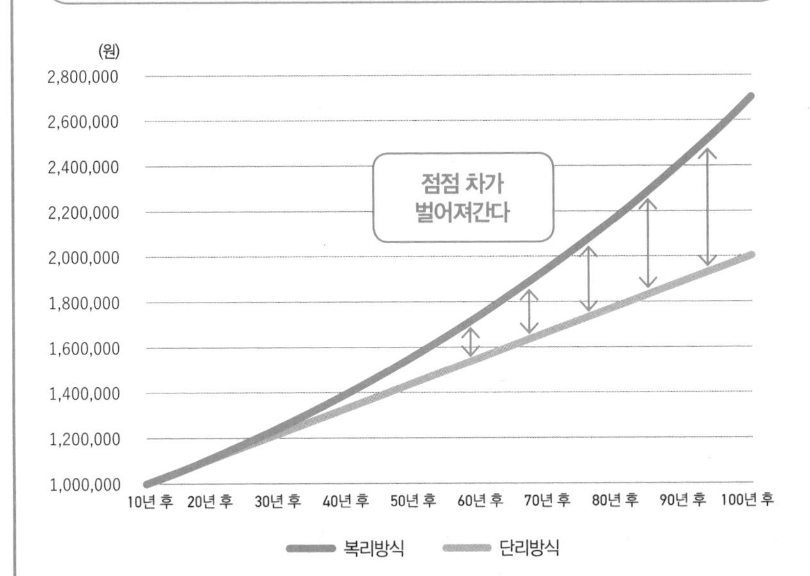

처음 1년은 별 차이가 없어도 40년 후, 50년 후 기간이 지나면서 점점 차이가 벌어집니다. 100년 후에는 무려 약 70만 원 가까운 차이가 나죠! 이게 원금 1000만 원이라면 700만 원이나 됩니다.

사실, 금리를 1%나 주는 꿈같은 은행은 없지만, 비록 소액이라도 가만히 앉아서 돈을 불리려면 여기서는 복리 방식이 좋지요!

저축을 할 때나 대출을 받을 때는 꼭 이것을 기억하시고 검토해 보시기 바랍니다.

각각의 방식을 수식으로 나타내 보자.

1년에 한 번 이자가 붙는다고 할 때, 원금의 저축액을 a, 이자율을 p로 하면 n년 후의 저축액은

단리방식 → $a(1+np)$

복리방식 → $a(1+p)^n$

단리 방식은 매년 $(a \times p)$원씩 증가하므로 '**공차가 ap인 등차수열**',

복리 방식은 매년$(1+p)$배가 되므로 '**공비가 $1+p$인 등비수열**'로 나타낼 수 있다.

모두 수열로 나타냈지만 등차와 등비는 성질이 다르다는 사실을 알 수 있다.

저축 투자하는 경우는 '복리 방식'이 이득이겠지만 대출 등 빚을 지는 경우는 '단리 방식'이 괜찮을 것이다. 참고로 신용카드나 대출의 대부분의 이자를 복리 방식으로 부가하고 있다.

하지만 제대로 빨리 갚아서 원금이 빨리 줄어들면 그만큼 이자금액도 줄어들기 때문에 지불해야 할 이자의 총액이 줄어든다는 장점이 있다. 이런 방식은 빠르게 변제할 수 있는 동기부여가 된다.

복리방식과 단리방식의 원금, 이자, 저축액의 비교

	복리방식			단리방식			차
	원금	이자	저축액	원금	이자	저축액	
0년 후	1,000,000	0	1,000,000	1,000,000	0	1,000,000	0
1년 후	1,010,000	10,000	1,010,000	1,000,000	10,000	1,010,000	0
2년 후	1,020,100	10,100	1,020,100	1,000,000	10,000	1,020,000	100
3년 후	1,030,301	10,201	1,030,301	1,000,000	10,000	1,030,000	301
4년 후	1,040,604	10,303	1,040,604	1,000,000	10,000	1,040,000	604
5년 후	1,051,010	10,406	1,051,010	1,000,000	10,000	1,050,000	1,010
6년 후	1,061,520	10,510	1,061,520	1,000,000	10,000	1,060,000	1,520
7년 후	1,072,135	10,615	1,072,135	1,000,000	10,000	1,070,000	2,135
8년 후	1,082,857	10,721	1,082,857	1,000,000	10,000	1,080,000	2,857
9년 후	1,093,685	10,829	1,093,685	1,000,000	10,000	1,090,000	3,685
10년 후	1,104,622	10,937	1,104,622	1,000,000	10,000	1,100,000	4,622
⋮	⋮	⋮	⋮	⋮	⋮	⋮	⋮
42년 후	1,518,790	15,038	1,518,790	1,000,000	10,000	1,420,000	98,790
43년 후	1,533,978	15,188	1,533,978	1,000,000	10,000	1,430,000	103,978
44년 후	1,549,318	15,340	1,549,318	1,000,000	10,000	1,440,000	109,318
45년 후	1,564,811	15,493	1,564,811	1,000,000	10,000	1,450,000	114,811

2년 후에는 아직 100원 밖에 차이가 안 나지만…

43년 후에는 차이가 10만 원을 넘는다

45년 후에는 564,811원이나 늘어난다!

원금이 바뀌지 않기 때문에 이자 금액도 바뀌지 않는다

위 표는 엑셀에서 작성한 데이터의 일부를 게재한 것입니다. 앞으로 정기예금이나 적금, 외화예금(다만 환리스크 있음) 등을 시작하려는 분들은 이런 표로 정리하여 은행별로 금리와 저축액을 비교해 보는 것도 재미있을 겁니다.

36 64장의 원판으로 풀어보는 하노이의 탑 퍼즐

혹시 '하노이의 탑'이라는 퍼즐을 알고 있는가? 오른쪽 그림과 같이 3개의 막대기가 세워져 있고, 그중 1개의 막대기에 크기가 다른 3장의 원판이 꽂혀있다. 이때 가장 아랫쪽에 가장 큰 원판이 있고 위로 갈수록 원판의 크기는 작아진다.

이것을 '한 번에 한 장의 원판만 이동할 수 있다', '자신보다 작은 원판 위로는 이동할 수 없다'는 규칙을 세우고 다른 막대기로 이동시킨다면 그림과 같이 7회 만에 이동이 완료된다.

원판이 4개일 때는 몇 번 움직여야 원판을 모두 옮길 수 있을까? 우선 가장 아래의 최대 원판은 무시하고 위의 원판 3장을 Ⅱ로 옮긴다. 이 시점에서 7회. 다음으로 최대의 원판을 비어있는 Ⅲ으로 이동시키면서 1회 추가된다. 그로부터 다시 3장을 같은 줄에서 Ⅲ으로 이동시키는 데 7회가 걸려 합계 15회가 된다. 참고로 5장인 경우는 31회이다.

원판의 개수를 n개로 가정하고 일반항을 수식으로 나타내 보자.

우선은 맨 아래의 원판을 목표의 막대기에 옮겨야 하기 때문에 다음 순서로 나누어 생각한다.

① 가장 아래에 있는 원판을 제외하고 나머지 원판을 다른 막대기로 옮긴다

② 맨 아래 원판을 남은 막대기로 옮긴다(스스로 1개, 두 번째보다 위의 원판들이 막대기 1개를 차지하고 있으므로 남은 막대기는 1개뿐이다.)

③ ①에서 옮긴 원판들을 ②에서 이동시킨 막대로 옮긴다

여기서 ①과 ③의 순서에 필요한 횟수는 아래에서 두 번째보다 위에 있는 원판들 = $(n-1)$개를 이동시키는 것과 같으므로, $a_n = 2a_{n-1} + 1$이라는 점화식이 된다. 이것을 풀어보면 $a_n = 2^n - 1$이라는 식을 얻을 수 있고, 이것이 일반항이 된다. 확실히 $n = 3$일 때는 $2 \times 2 \times 2 - 1 = 7$회가 된다.

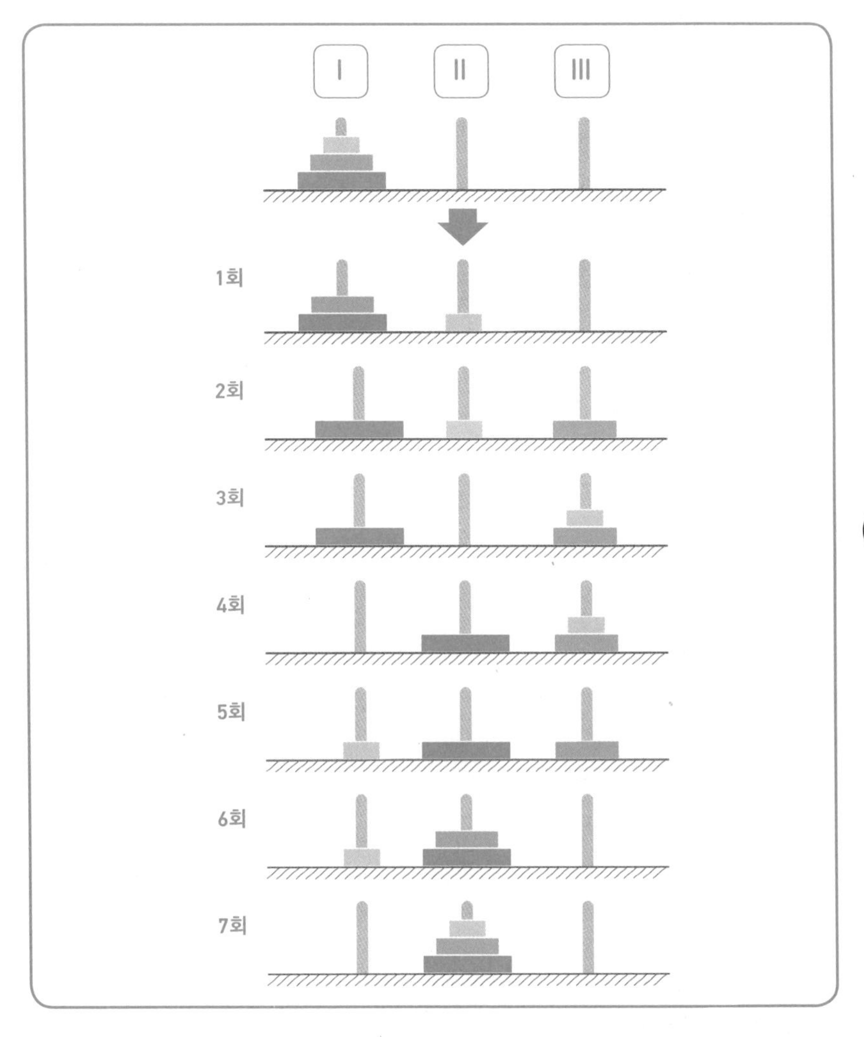

'64장 하노이 탑의 이동이 끝났을 때 세상의 종말이 온다'는 전설이 있다. 64장인 경우, 이동 횟수는,

$2^{64}-1$ = 1844경6744조737억955만1615회

1초에 1회 움직인다고 하면, 무려 5800억 년 이상 걸리게 된다. 우주 탄생이 138억 년 전, 지구 탄생이 46억 년 전이라는 사실을 생각해본다면 엄청난 숫자이다.

37 바둑알로 알아보는 수열과 방진산

바둑알의 수를 세는 계산 방법을 '방진산' 이라고 부르는데, 예전부터 시험에 종종 출제되곤 했다.

보통 방진산 관련 문제는 바둑알이 정사각형으로 깔려있거나 그 정사각형의 안쪽이 비어있는 상태로 배치된 모양 중 하나로 출제되는 경우가 대부분이다.

정사각형으로 깔린 바둑알의 개수를 '평방수'라고 하고, 자연수의 제곱인 정수가 된다.

예를 들어 1의 제곱, 즉 $1 \times 1 = 1$부터 시작해서,

$2 \times 2 = 4$, $3 \times 3 = 9$, $4 \times 4 = 16$, $5 \times 5 = 25, \cdots$

로 이어간다.

참고로 제곱수는 일명 '사각수'라고 하며, 이는 정사각형으로 깔아놓은 바둑알의 수를 세는 데에서 유래했다.

그런데 제곱수는 정사각형의 '한 변의 바둑알 수에 제곱하는 수'이므로 작은 것부터 나열한 수열은,

1, 4, 9, 16, 25, 36, 49, ⋯

가 되어 한 변의 바둑알의 수를 n개로 하면,

이 수열의 일반항은 $a_n = n \times n = n^2$으로 나타낼 수 있다.

한 변에 100개의 바둑알이 놓인 정사각형을 만들 때, 필요한 바둑알의 수가 $100 \times 100 = 10000$개라면 한 변에 놓인 바둑알을 100개에서 101개로 늘릴 때 추가로 필요한 바둑알은 몇 개일까?

101의 제곱수는 10201이기 때문에 원래 있는 10000개의 바둑알을 빼서

$10201 - 10000 = 201$(개)가 된다.

단, 이 방법에는 제곱이 포함되어 있어 개수가 더 늘었을 때 계산이 조금 힘들다.

사각수

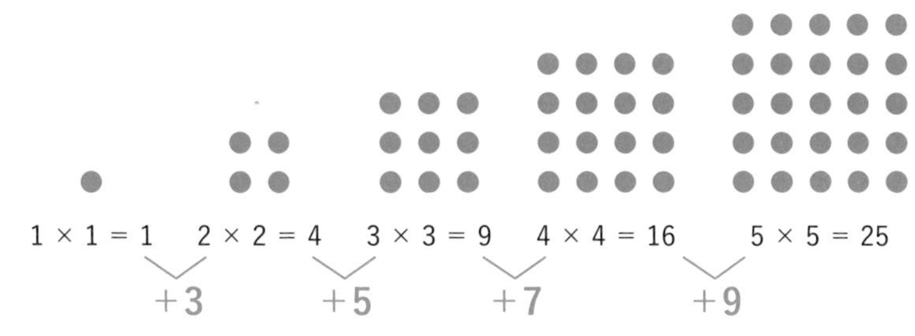

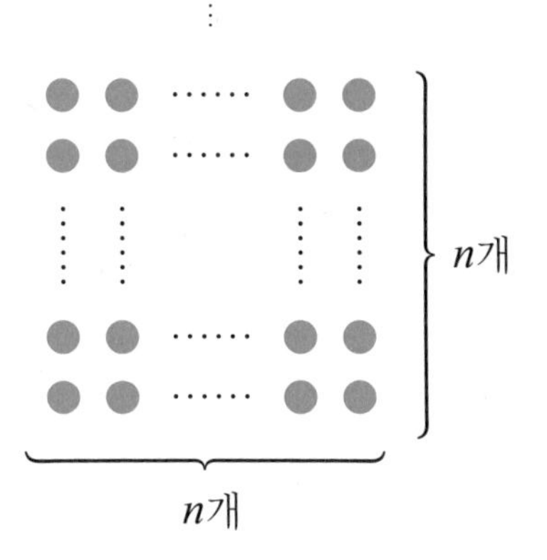

한 변의 돌의 수가 n개일 때,
돌의 수는 $n \times n = n^2$ 개

그래서 이 바둑알을 채워갈 때의 '바둑알의 수'를 수열로 해서 그 계차수열을 살펴보면,

1, 3, 5, 7, 9, 11, 13, ⋯

1부터 시작하는 홀수의 수열로 되어 있기 때문에 제곱수의 각 항은 다음과 같이 나타낼 수 있다.

1 $=1$

4 $=1+3$

9 $=1+3+5$

16 $=1+3+5+7$

25 $=1+3+5+7+9$

⋮

이것을 일반항으로 나타내면 아래와 같다.

$$a_n=\sum_{k=1}^{n}(2k-1)$$

즉, 제곱수의 수열은 '자연수의 제곱'인 동시에 '연속하는 홀수의 합'이라는 규칙성도 가지고 있다.

조금 전 문제에서 한 변의 돌의 수가 100개에서 101개로 늘어났다. 즉 101번째 홀수가 늘어난다는 것이기 때문에 위의 식에 101을 대입하면,

$2\times101-1=201$(개)

로 구할 수 있다. 이게 개수가 더 많아져도 2배만 더 하면 되므로 계산이 쉽다.

참고로 방진산에서는 '가로와 세로 1열씩 더하고, 겹친 부분의 1개를 뺀다'와 같이 도형적으로 파악하여 겹친 부분의 1개를 뺀다. 이런 사고도 매우 중요하다.

시각을 바꿔서 좀 더 쉽게 계산할 수 있는 방법을 생각함으로써 수학적 감각을 키울 수 있다.

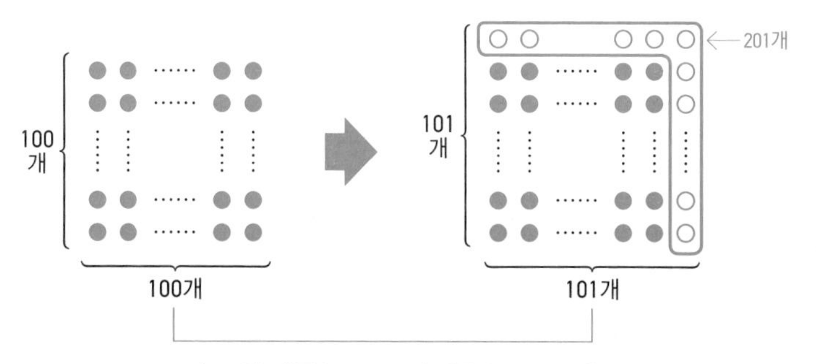

• 101의 제곱수 − 100의 제곱수 = 201개

• 101번째 홀수 = 201개

• 세로 개수 + 가로 개수 −1 = 201개

등 다양한 계산 방법으로 구할 수 있다.

그노몬(gnomon)

해시계의 기둥과 그림자 모양이
L자인 데에서 유래하였다.

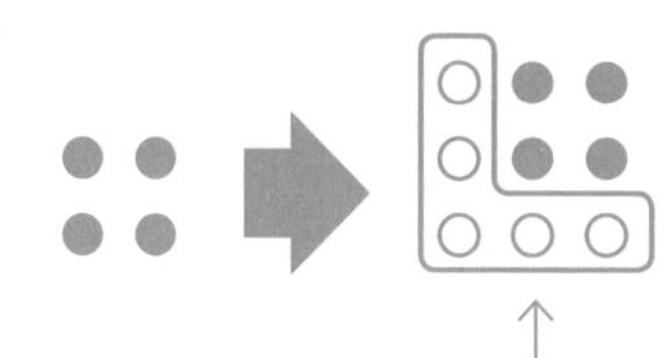

참고로, 이 늘어난 부분을 '그노몬(gnomon)'이라고 합니다. 원래는 해시계의 가운데에 세우는 막대기라는 의미로, 만들어지는 그림자와 조합하면 정확히 L자형이 된다는 점에서 유래하였습니다.

38 일본 에도 시대부터 실용화되었던 삼각수와 다와라스기 산

사각수가 있다면 삼각수도 있지 않을까? 당연히 있다.

정삼각형 모양으로 돌을 늘어놓았을 때의 개수를 '삼각수'라고 한다. 정삼각형의 한 변을 작은 수부터 나열하면 1, 3, 6, 10, 15, …가 되고 삼각수는 오른쪽 그림과 같이

$$1=1$$
$$3=1+2$$
$$6=1+2+3$$
$$\vdots$$
$$\sum_{k=1}^{n} k=1+2+3+\cdots+(n-1)+n$$

로 '연속되는 자연수의 합계'가 된다.

자, 그럼 여기서 문제를 보자. 정삼각형 모양을 한 변에 100개가 놓인 바둑알의 개수의 합은 몇 개일까? 삼각수의 성질을 생각하여 1+2+…+99+100을 계산하면 되지만, 공식을 세워 계산하지 말고 그냥 생각해 보기로 한다.

첫 번째 항과 마지막 항을 쌍으로 더한다고 생각하면, 1+100=101, 2+99=101, …처럼 101이 50쌍(100의 절반)이 있으므로 101×50 =5050으로 계산할 수 있다.

참고로 일본의 에도 시대에는 쌓아 올린 쌀가마니의 수를 셀 때 이 계산 방법을 사용했다고 한다. 俵(가마니–다와라)가 쌓아올린 모양이 杉(삼나무–스기)와 닮았다고 해서 '다와라스기 산' 이라고 불린다. 가마니는 바둑알처럼 쉽게 움직일 수 없기 때문에 이런 노력이 필요했던 것이다.

가장 높은 가마니의 수와 가장 낮은 가마니의 수를 더해 쌓인 가마니의 단수를 곱해서 2로 나눈다. 이 계산 방법은 사다리꼴 면적의 공식 「(윗변+아래변)×높이÷2」의 사고와 같다. 같은 도형을 뒤집어 붙인 것이 평행사변형이 되기 때문

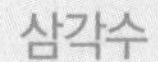

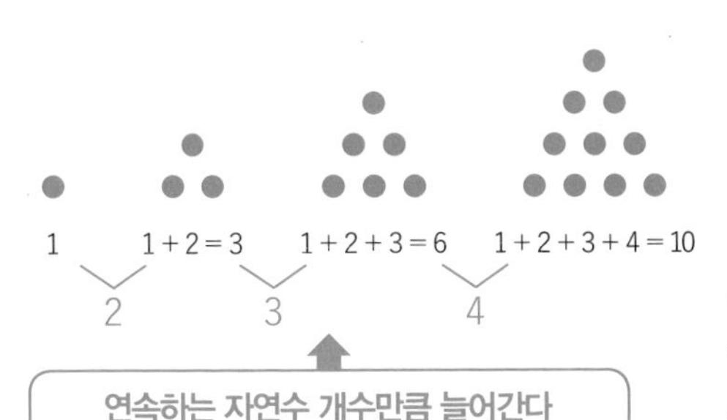

n개

한 변의 돌의 수가 n개일 때
돌의 수는 1에서 n까지의 합.
즉 $\sum_{k=1}^{n} k$개

에도시대에 쓰이던 다와라스기 산

예: 가장 아래의 가마니의 수가 6, 가장 위의 가마니의 수가 1일 경우.

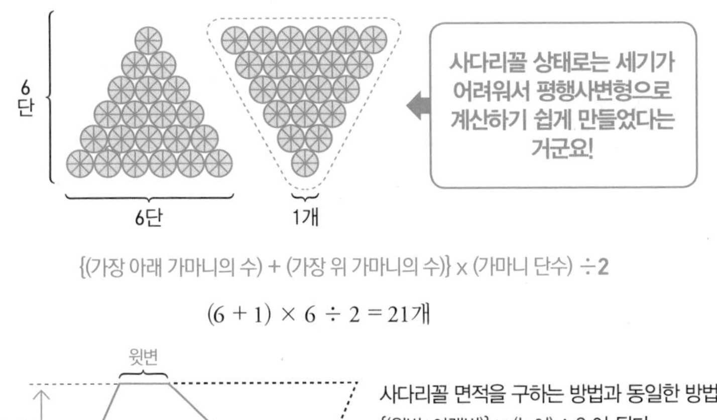

{(가장 아래 가마니의 수) + (가장 위 가마니의 수)} x (가마니 단수) ÷2

$$(6 + 1) \times 6 \div 2 = 21\text{개}$$

윗변
높이
아랫변

사다리꼴 면적을 구하는 방법과 동일한 방법
{(윗변+아랫변)} × (높이) ÷ 2 이 된다.

에 먼저 그 면적을 구해서 반으로 나눈다.

공식을 그저 외우기만 하지 않고 구하는 방식을 알아두면 더 이해하기 쉽다.

칼럼 7
COLUMN

수열이 머리에 쏙쏙! 알아두면 유익한 용어집

어렴풋하게 알고 있는 용어를 확실히 짚고 넘어가자. 본문에서 헷갈릴 때 용어집을 보면서 읽으면 더 깊이 이해할 수 있다.

수식	숫자나 기호로 구성되는 수학적 의미를 가진 식.
변수	조건에 따라 변하는 수. 수식에서는 알파벳으로 나타냄.
정수	0과 여기에 1씩 더해서 얻어지는 자연수와 1씩 빼서 얻어지는 음수의 총칭.
자연수	1부터 순서대로 1씩 더해서 얻어지는 정수.
유리수	정수 및 분모와 분자를 정수로 나타낼 수 있는 분수. (단, 분모는 0이 아니다)
무리수	유리수가 아닌 실수. 소수부분이 순환되지 않는 무한소수.
소수	1보다 크고, 1과 자기 자신 이외의 수로는 나눌 수 없는 수.
합성수	2개 이상의 소수의 곱으로 나타낼 수 있는 자연수.
항	수열을 구성하는 수.
초항	수열의 첫 번째 항. 제 1항.
말항	수열의 마지막 항. 항의 개수가 유한한 유한수열에 존재한다.

항수	수열 항의 개수.
Σ(시그마)	수열의 총합(합계)을 나타내는 기호.
첨자	수열 항의 순서 등을 나타내는 숫자나 기호.
일반항	수열의 제n항을 n에 대한 수식으로 나타낸 것.
점화식	수열의 제 n항과 그 이전 항들 사이의 관계를 나타낸 식.
등차수열	서로 이웃하는 두 항의 차가 일정한 수열.
공차	등차수열의 서로 이웃하는 두 항의 일정한 차.
등비수열	서로 이웃하는 두 항의 비가 일정한 수열.
공비	등비수열의 이웃하는 두 항의 일정한 비.
계차수열	이웃하는 두 항의 차를 새로운 수열로 삼은 것.
군수열	어떤 규칙에 따라 군으로 나눌 수 있는 수열.
유한수열	항의 개수가 유한한 수열.
무한수열	항의 개수가 무한한 수열.
로그	어떤 수 a를 몇 제곱하면 b가 되는지 나타내는 수. $\log_a b$라고 표기한다. 이 식에서 a는 밑, b를 진수라고 한다. 밑이 10인 경우의 로그를 상용로그라고 한다.
네이피어의 수	자연로그의 밑, 보통 e라고 표기한다.
자연로그	밑이 네이피어의 수(e)인 로그. $\log_e$ 대신에 ln으로 표기할 수 있다.
명제	객관적으로 참, 거짓이 정해져 있는 문장을 말한다.

수학적 귀납법	자연수에 관한 명제가 모든 자연수에서 참임을 증명하는 방법(모든 자연수에서 성립함을 증명하는 방법).
귀납법	각각의 구체적인 예로부터 보편적인 원리, 법칙 등을 도출하는 방법.
연역법	보편적인 원리, 법칙 등을 전제로 하여 결론을 도출하는 방법.
패러독스(역설)	제대로 증명된 것처럼 보이지만 사실이 아닌 잘못된 결론을 포함하고 있는 명제. 역설이라고도 한다.
급수	수열의 각 항을 순서대로 더한 것.
극한	어떤 양이 일정한 규칙에 따라 어떤 일정한 값에 한없이 가까워질 때, 그 값을 말한다.
수렴	수열의 극한이 존재하는 경우를 말한다.
발산	수열이 수렴하지 않는 경우를 말한다.
진동	수열이 수렴하지 않고 양의 무한대나 음의 무한대로도 발산하지 않는 경우를 말한다.
부분합	급수에서 제 1항부터 제 n항까지의 합을 말한다.
소진법	어떤 도형에 내접하는 다각형을 반복적으로 그려 도형을 채우고, 그 다각형들의 면적이나 부피의 합을 통해 원래 구하고자 했던 도형의 면적과 부피를 근사하여 구하는 방법.
무한등비급수	서로 이웃하는 두 항의 비가 일정한 무한급수.
조화수열	각 항의 역수가 등차수열이 되는 수열.
역수	어떤 수에 곱하면 1이 되는 수. 분수의 경우에는 분모와 분자를 바꿔서 구한다.

원주율	원의 둘레와 지름의 비율을 말한다. π로 나타낸다.
난수열	무작위 수가 나열된 수열.
의사난수열	정해진 순서에 따라 난수처럼 보이는 형태로 생성된 수열.
종자(seed)	의사난수열에서 의사난수를 발생시키는 초기값 데이터.
키	데이터를 암호화하기 위한 데이터. 암호화와 복호화에 공통된 것을 사용하는 경우에는 '공통 키'라고 불린다.
스펙트럼 확산	신호의 변조 방식 중 하나로, 원래 신호의 주파수 대역의 수십 배 넓은 대역으로 확산, 송신하는 방식.
페리수열	0 이상 1 이하의 기약분수를 작은 것부터 순서대로 나열한 수열.
약분	분모와 분자를 같은 수로 나누어 간단하게 나타내는 것이다.
기약분수	더 이상 약분할 수 없는 분수.
피보나치 수열	초항과 제2항을 1로 두고 앞의 2항의 합계가 다음항이 되는 규칙을 가진 수열을 말한다.
황금비	$1:\frac{(1+\sqrt{5})}{2}$으로 나타내는 비. 어떤 선분을 두 부분으로 나눌 때 전체와 긴 부분의 비가 긴 부분과 짧은 부분의 비와 같도록 분할할 때의 비.
황금수	황금비의 값, $\frac{(1+\sqrt{5})}{2}$을 말한다.
황금분할	선분과 도형 등을 황금비로 분할한 것.
황금사각형	가로세로비가 황금비로 되어 있는 직사각형.
황금삼각형	두 변의 길이의 비가 $\phi:\phi:1$이거나 $1:1:\phi$인 이등변 삼각형.

황금나선	황금사각형을 나누면서 생긴 정사각형에서 대각선을 그리듯 원호를 계속 그리면 나타나는 나선.
대수나선	중심에서 그은 직선과 나선과의 교점에서의 접선의 각도(기울기)가 항상 일정해지는 나선을 말한다. 등각나선, 베르누이 나선이라고도 한다.
백은비	$1:\sqrt{2}$으로 나타내는 비. 야마토비라고도 한다. 귀금속비의 하나.
청동비	$1:\frac{(3+\sqrt{13})}{2}$으로 나타내는 비. 귀금속비의 하나.
엽서	식물의 줄기에 잎이 생기는 방법.
연분수	분모에 분수가 더 포함되어 있는 분수.
단리계산	원금에 대해서만 이자를 계산하는 방법.
복리계산	발생한 이자를 원금에 편입시켜 다음의 이자를 계산하는 방법.
사각수	정사각형 모양으로 점을 늘어놓았을 때의 점의 개수. 자연수의 제곱의 수이기도 하기 때문에 평방수라고도 한다.
삼각수	정삼각형 모양으로 점을 늘어놓았을 때의 점의 개수.
방진산	바둑알 등을 사각형이나 삼각형 등의 도형으로 늘어놓은 개수를 세는 문제.
다와라스기 산	가마니 등을 쌓아올렸을 때의 개수를 세는 문제를 말한다.

참고문헌

- 〈읽는 수학 수열의 신비〉 세야마 시로 저, 가도카와소피아문고
- 〈소리내서 배우는 해석학〉 Lara Alcock 저, 이와나미서점
- 〈황금비와 피보나치 수〉 Richard A. Dunlap 저, 일본평론사
- 〈신기한 수학 나라의 알렉스〉 Alex Bellos 저, 까치
- 〈수학의 진리를 알아낸 25인의 천재들〉 Ian Stewart 저, 다이아몬드사
- 〈수학소녀의 비밀노트 수열의 광장〉 유키 히로시 저, 영림카디널
- 〈개념이 술술! 이해가 쏙쏙! 수학의 구조〉 가토 후미하루 저, 시그마 북스
- 〈일상에 숨어있는 아름다운 수학〉 토미시마 유스케 저, 아사히 신문사
- 〈음율과 음계의 수학〉 오가타 아쓰시 저, 코단샤
- 〈분야별 수학 수험시험의 이론 수열〉 세이 후미히로 저, 슨다이문고
- 〈신 차트식 기초부터 배우는 수학II+B〉 차트 연구소 저, 수연출판
- 〈증보개정판 차트식 기초와 연습 수학II+B〉 차트 연구소 저, 수연출판
- 〈수학대도감〉 뉴턴프레스
- 〈수학의 역사〉 모리 쓰요시 저, 코단샤 학술문고
- 〈수학의 마법사들〉 기무라 슌이치 저, 가도카와
- 〈잠 못들 정도로 재미있는 이야기 미분적분〉 오오가미 타케히코 감수, 일본문예사
- 〈잠 못들 정도로 재미있는 이야기 수학의 정리〉 고미야마 히로히토 감수, 일본문예사
- 〈수학의 역사 이야기〉 자니 볼 저, SB Creative
- 〈야마가와의 해설 세계사 도록 제3판〉 야마가와 출판사

L. R. Ford, Fractions, The American Mathematical Monthly 45 (1938), no. 9, 586-601.

잠 못들 정도로 재미있는 이야기

수열

2022. 10. 26. 초 판 1쇄 인쇄
2022. 11. 2. 초 판 1쇄 발행

지은이 | 마쓰시타 아키라(松下 哲)
감 역 | 박상미
옮긴이 | 황명희
펴낸이 | 이종춘
펴낸곳 | BM (주)도서출판 성안당
주소 | 04032 서울시 마포구 양화로 127 첨단빌딩 3층(출판기획 R&D 센터)
10881 경기도 파주시 문발로 112 파주 출판 문화도시(제작 및 물류)
전화 | 02) 3142-0036
031) 950-6300
팩스 | 031) 955-0510
등록 | 1973. 2. 1. 제406-2005-000046호
출판사 홈페이지 | **www.cyber.co.kr**
ISBN | 978-89-315-5825-8 (03410)
978-89-315-8889-7 (세트)
정가 | 9,800원

이 책을 만든 사람들
책임 | 최옥현
진행 | 김해영
교정 · 교열 | 권수경
본문 · 표지 디자인 | 이대범
홍보 | 김계향, 유미나, 이준영, 정단비, 임태호
국제부 | 이선민, 조혜란
마케팅 | 구본철, 차정욱, 오영일, 나진호, 장경환, 강호묵
마케팅 지원 | 장상범, 박지연
제작 | 김유석